콘크리트 실무매뉴얼 KCI PM2XX-21

한중 콘크리트 시공

사단법인 한국콘크리트학회 Korea Concrete Institute

발간사

건설공사에서 물을 이용하면서 야외작업이 기본을 이루는 콘크리트 공사는 기상변화에 큰 영향을 받고 있습니다. 그런데 우리나라는 봄, 여름, 가을, 겨울과 같은 4계절이 뚜렷한 대륙성 기후의 특징을 나타내는 반도 국가로서, 콘크리트 시공이 곤란한 동절기인 겨울이 연간 3개월 이상으로 긴 기간을 차지하고 있습니다. 겨울철 콘크리트 시공은 저온에 따른 초기동해, 강도 지연발현, 기능공의 능률 저하 등과 관련하여 매우 중요하게 취급됩니다.

원칙적으로 이와 같은 추운 계절인 겨울의 한중 콘크리트 시공은 공정 관리상 작업을 할 수 없는 불능일로 간주되어 기본적으로 공사를 중지해야만 합니다. 그러나 최근 초고층 건물과 같은 각종 건축구조물, 장대교량과 같은 각종 토목구조물 등 수많은 대형 건설물의 경우, 공기 단축 혹은 공사기간 준수가 매우 중요하게 취급되고 있는 것이 현실입니다. 따라서 최근에는 겨울철의 경우 작업불능일임에도 불구하고 대부분은 공사를 진행하여야 하는 상황입니다. 이때 실무에서는 국가에서 정한 한중 콘크리트 시공 요령에 따라 성실히 진행하여야 하지만, 학회에서 정한 규정 및 해설 정도만으로는 충분히 관련 기술 정보를 이해하기 힘들고, 외국의 사례 및 최신 선진기업들의 연구 사례를 접하기에는 어려움이 많아 한중 콘크리트 시공을 충실히 수행하는 데 어려움이 있습니다.

이와 같은 배경 및 필요성에 부응하기 위해 우리나라 국가건설기준센터의 「콘크리트 표준시방서」 중 「한중 콘크리트」편에 근간을 두고 콘크리트학회 실무지침 편찬 특별위원회의 「콘크리트 실무매뉴얼」의 여러 시리즈 중 하나의 형태를 빌어 「한중 콘크리트 시공」을 출판하게 되었습니다. 기술의 중요성을 고려할 때 「한중 콘크리트 시공」을 훨씬 이전에 출판하지 못한 아쉬움은 있지만, 이제라도 한중 콘크리트 시공을 편찬하게 됨을 다행스럽게 생각합니다. 본서에서는 한중 콘크리트와 관련한 국가표준, 각국의 한중 콘크리트 시공 정보 및 최신 기술·연구 동향 등을 폭넓게 수록하였으며, 이 책을 통하여 우리나라 실무의 원칙에 입각한 한중 콘크리트 시공 및 업체의 한중 콘크리트 기술발전에 큰 보탬이 되기를 진심으로 기원합니다.

끝으로 이번 우리 학회 「한중 콘크리트 시공」의 집필을 위해 수고해 주신 한중 콘크리트 시공 집필위원회 위원장을 비롯한 집필위원과 귀중한 기술자료를 제공해 주신 산업체 위원님들께도 깊은 감사의 말씀을 전합니다.

2021. 11

한국콘크리트학회 회장 박홍근

머리말

기온이 영하로 떨어지는 추운 겨울철, 물을 사용하는 콘크리트 공사의 경우는 작업불능일이 되어 공사를 중지하여야만 합니다. 그러나 대규모화, 장대화, 초고층화하는 경우는 작업불능일임에도 불구하고 공사를 진행하지 않으면 주어진 공기에 맞춰 공사를 진행할 수 없는 것이 현실입니다. 따라서 이와 같은 경우에는 국가에서 규정한 한중 콘크리트 시공 지침에 의거 콘크리트의 품질을 확보하고 작업자의 안전을 유지하면서 공사를 진행하여야만 합니다.

한중 콘크리트 관련 규정은 1962년 우리나라 건축학회의 건축공사 표준시방서, 토목학회의 콘크리트 표준시방서가 제정될 때부터 기술되어져 있었고, 한중 콘크리트 관련 부분은 두 학회가 각각 독립적으로 수차례의 개정을 진행해왔습니다. 그 후 1989년 콘크리트학회가 창립되고 1996년 정부로부터 콘크리트 표준시방서의 관리주체기관이 이관되면서부터 통합적으로 활동을 시작하여, 1998년 건축과 토목이 통합된 콘크리트 시방서가 작성되었습니다. 그럼에도 불구하고 건축공사 표준시방서에는 여전히 일부 상이한 내용의 한중 콘크리트 규정이 존재하여 개정을 수차례 반복했음에도 혼란은 상존하였습니다. 이와 같은 상황에 정부에서는 국가건설기준센터를 새롭게 설립하고 2016년 모든 시방서를 통합한 코드체계로 개편하여 하나로 관리하게 되었는데, 이때 한중 콘크리트를 포함한 콘크리트 분야의 개정·해설 등의 관리는 콘크리트학회가 담당하게 되었습니다.

그러나 복잡하고 수시로 발전하는 한중 콘크리트의 수많은 사항들을 한정된 페이지의 규정 및 해설로는 전부 담을 수 없는 것이 현실이었는데, 때마침 각 분야의 실무지침을 별도의 책으로 편찬하는 콘크리트학회 실무지침편찬특별위원회의 흐름에 맞춰 본 한중 콘크리트 시공 관련 임시위원회를 구성하면서 본서를 집필·발간하게 되었습니다. 본서는 Cocle 체계로 새롭게 개편된 한중 콘크리트(KCS 14 20 40 2016)를 기본으로 하였고, 종전의 2009년판 콘크리트 표준시방서 해설 부분과 일본·미국·유럽 등 한중 콘크리트 관련 표준시방서 및 관련 문헌, 연구자료 등을 참고하여 기술하였습니다.

끝으로 바쁘신 중에도 흔쾌히 집필을 허락해 주신 대건기술 강인선 대표, 건설기술연구원 고경택 박사, 롯데건설 김광기 박사, 충남대학교 김규용 교수, 선 ENG 전충근 박사, 경북대학교 최형길 교수, 경상대학교 한동엽 교수, 청주대학교 한민철 교수, 김종 교수와 집필 후 내용 검토와 조언을 아끼지 않으신 검토 및 심의위원님들께 깊은 감사의 말씀을 드립니다.

2021. 11

한중 콘크리트 시공 집필위원장 한천구

| 집필위원 |

집필책임자	한천구(청주대학교)
간 사	김종(청주대학교)
집 필 위 원	강인선(대건기술), 전충근((주)선엔지니어링종합건축사사무소) 고경택(한국건설기술연구원), 김규용(충남대학교), 한민철(청주대학교), 김광기((주)롯데건설), 한동엽(경상국립대학교), 최형길(경북대학교)

| 검토위원 |

검 토 위 원	김상철(한서대학교), 이건철(한국교통대학교)

| 발간물심의위원회 |

위 원 장	이정윤(성균관대학교)
위 원	김용재, 김한수(건국대학교), 김홍삼(한국도로공사), 문도영(경성대학교), 오홍섭(경남과학기술대학교), 이기학(세종대학교), 조재열(서울대학교), 지광습(고려대학교)

| 기획 | 실무지침편찬특별위원회 |

위 원 장	배수호(안동대학교)
부 위 원 장	홍건호(호서대학교)
간 사	천성철(인천대학교)
위 원	강현구(서울대학교), 권승희(명지대학교), 김경민(서울기술연구원), 김대호((주)한울구조물안전기술사사무소), 김두기(공주대학교), 김상철(한서대학교), 김순환((주)창민우컨설턴트), 김영진(한국콘크리트학회), 김지상(서경대학교), 김진근(KAIST), 김태훈(한국철도기술연구원), 박선규(목원대학교), 신현목(성균관대학교), 심 별(다올이앤씨(주)), 양근혁(경기대학교), 이건철(교통대학교), 이도형(배재대학교), 이 백(한국농어촌공사), 이성태(인하공업대학), 이재훈((주)도화), 이창홍 ((주)포스코건설), 정 란(단국대학교), 정하선(전우구조기술사무소), 최광호(남서울대학교), 최원창(가천대학교), 하상수(강남대학교), 한천구(청주대학교)

차 례

02 장 콘크리트 공사계획

03 장 콘크리트 재료

04 장 콘크리트 배합

05 장 콘크리트 생산 및 시공

06 장 콘크리트 양생

07 장 콘크리트 품질관리

부록

제 1 장 서 론

1.1 우리나라의 기후 특색

1.1.1 기후의 일반적인 특색

일반적으로 기후란 춥고, 더움을 나타내는 기온과 습도, 바람, 강수량 등의 여러 요소를 포괄적으로 지칭하지만, 주로 기온을 대표로 삼는다.

우리나라의 지리적 위치는 유라시아 대륙 동쪽의 북위 중위도에 위치하여, 대륙의 영향을 직접적으로 받아 동위도의 유럽 등 타지역에 비해 연평균기온이 낮고 연교차 및 일교차가 매우 큰 대륙성 기후의 특색을 가진다.

계절별로 먼저 봄은 온난하고 건조한 양쯔강 기단과 이동성 저기압의 영향으로 날씨의 변화가 심하고, 봄비가 내린 후에는 날씨가 차츰 따뜻해진다. 봄이 시작하는 시기는 제주도 및 남부지방이 빠르고 북부지방으로 갈수록 늦어지는데, 남북 간에는 약 1개월 이상 차이가 난다. 특히 초봄에는 시베리아 기단이 되살아나 겨울 날씨 못지 않은 꽃샘추위가 나타나기도 하고, 황사현상 및 미세먼지가 발생하면 시야가 나쁠 뿐만 아니라 건강에도 해롭다. 또한, 봄에는 바람이 부는 날이 많고, 건조하여 산불이 발생하거나 비가 거의 내리지 않아 한발 등의 피해를 입기도 한다.

여름철은 여름 계절풍의 영향으로 기온이 높고 상대습도가 높게 나타나는데, 강수와 기온에 따라 장마철과 무더운 여름으로 구분된다. 특히 봄을 지나 여름철에 접어들면 남쪽으로부터 고온 다습한 열대 해양성 기단인 북태평양 기단이 우리나라에 접근하는데, 이것과 한랭 다습한 한대 해양성 기단인 오호츠크해 기단과 만나면서 장마전선이 형성되어 본격적인 우기로 접어든다. 두 기단의 강약에 따라 장마전선이 남북으로 오르내리므로 장마철의 시기도 지역에 따라 달라지게 된다. 7월 말 장마전선이 완전히 북상한 후 북태평양 고기압의 세력권에 들게 되면, 이때부터 최고 기온이 30 ℃를 넘는 불볕더위와 야간에도 25 ℃ 이상을 유지하는 열대야 현상이 나타나는 무더운 여름이 지속된다. 8월 하순에는 북태평양 기단의 세력이 약해지고 장마전선이 다시 남하하면서 짧은 초가을 장마가 나타나기도 하고, 태풍으로 심한 바람이 불거나 폭우가 쏟아지기도 한다.

가을이 되면 북태평양 기단은 약해져서 남쪽으로 물러가고, 봄철과 같이 이동성 고기압과 저기압이 교대로 통과하지만, 천고마비의 계절이라고 할 만큼 일 년 중 생활하기에 가장 쾌적한 계절이 된다. 가을철 고기압에 뒤따르는 저기압이 통과할 때에는 겨울을 재촉하는 가을비가 내리는데, 가을비가 내린 후에는 기온이 급격히 저하하여 겨울의 진입을 알린다.

겨울철 우리나라의 날씨는 시베리아 고기압의 주기적인 강약으로 삼한사온 현상이 반복된다. 특히 시베리아 기단이 강력하게 발달할 때에는 한랭 건조한 북서 계절풍이 불어와 전국적으로 기온이 급강하한다. 이때는 전국적으로 날씨가 맑은 편이나 태백산맥, 소백산맥, 노령산맥의 서쪽 경사면이나 울릉도, 제주도에는 많은 눈이 내리기도 한다. 또한, 한파의 발산으로 시베리아 고기압이 쇠약해지고 다시 한랭한 공기가 집적되는 동안에는 시베리아 고기압에서 떨어져 나와 중국대륙의 따뜻해진 이동성 고기압이 우리나라를 지나면서 전국적인 추위가 풀어지기도 한다.

1.1.2 기온에 따른 콘크리트의 분류

콘크리트는 시멘트의 수화반응에 의해 강도가 발휘되는 재료로서 콘크리트 주변의 환경, 특히 외기온에 민감하게 영향을 받는다. 이러한 외기온에 따른 콘크리트의 대응으로 크게 한중 콘크리트, 한랭기 콘크리트, 보통 콘크리트 및 서중 콘크리트 4단계로 분류할 수 있는데, 그 내용은 그림 1.1과 같다.

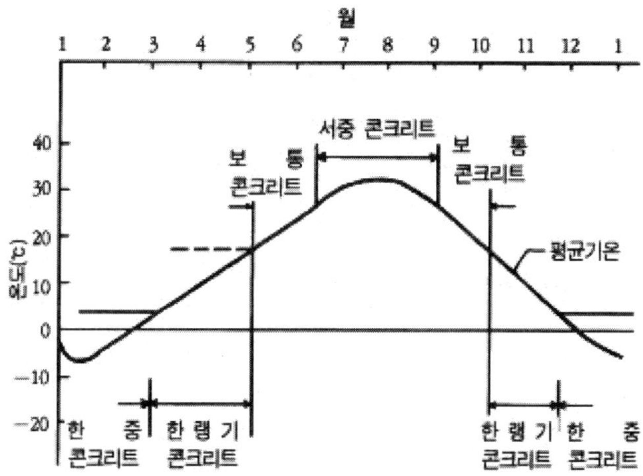

[그림 1.1] 기온에 따른 콘크리트의 분류

(1) 한중 콘크리트

콘크리트를 부어넣은 후 양생기간에 콘크리트가 동결할 염려가 있을 경우 시공되는 콘크리트를 말한다. 이때는 초기동해의 방지와 저온에 의한 강도증진 저하가 고려되어야 하며, 콘크리트 표준시방서의 규정에 따르면 한중 콘크리트는 일평균기온이 4 ℃ 이하가 되는 때부터 적용하도록 되어 있다.

(2) 한랭기 콘크리트

콘크리트를 부어넣은 날로부터 28일 동안의 예상 평균기온이 4 ℃ 이상 17 ℃ 이하인 기간으로, 배합강도 결정 시 동결될 우려는 없으나 기온보정강도를 고려하거나 콘크리트의 양생 시 관련 재령을 연장하는 조치를 취하는 기간에 시공되는 콘크리트이다.

(3) 보통 콘크리트

콘크리트를 부어넣은 날로부터 28일간의 예상 평균기온이 17 ℃ 이상 25 ℃ 이하인 기간으로, 특별히 기온을 고려하지 않아도 될 때 시공되는 콘크리트이다.

(4) 서중 콘크리트

일평균기온이 25 ℃를 넘는 기간으로 서중환경에 피해를 방지할 수 있는 대책을 마련하고 시공해야 하는 콘크리트이다.

따라서 본서에서는 기온에 따른 콘크리트의 대응 중 한중 콘크리트에 대해서만 집중 고찰한다.

1.2 한중 콘크리트의 정의 및 적용

1.2.1 정의

한중 콘크리트란 콘크리트를 타설한 후 양생기간에 콘크리트가 동결할 염려가 있는 경우 시공되는 콘크리트라고 정의할 수 있다. 즉 겨울철 날씨가 추워지면 물이나 콘크리트가 동결될 수 있는데, 충분히 수화반응이 진행되지 않은 양생기간 중 콘크리트 동결로 팽창하게 되면 내부 조직이 이완됨으로써 초기동해를 입을 수 있다. 또한, 겨울철 낮은 온도는 시멘트의 수화반응을 지연시켜 소정의 재령에서 설계기준강도를 발휘하기 어렵게 된다.

따라서 한중 콘크리트 적용기간에는 콘크리트가 초기동해를 입지 않도록 초기양생 계획을 수립하고, 소정의 재령에서 설계기준강도를 얻을 수 있도록 콘크리트의 배합계획 및 보온양생 등 양생계획에 특별히 신경을 써야 한다.

1.2.2 적용범위 및 원칙

한중 콘크리트 시공과 관련한 적용범위는 우리나라 국토교통부의 국가건설기준 콘크리트 표준시방서의 KCS 14 20 40인 「한중 콘크리트」에 규정되어 있는 표준적인 시공 규정에 따른다. 단, 이 규정에 게재되어 있지 않은 사항에 대하여는 KCS 14 20 01인 「콘크리트 공사 일반사항」 및 KCS 14 20 10인 「일반 콘크리트」에 따르도록 한다. 또한, 매스 콘크리트, 고강도 콘크리트 등 타설 후 콘크리트에 충분한 수화발열이 발생하는 경우에는 한중 콘크리트 공사와 관련한 본 규정의 일부 혹은 전부를 적용하지 않을 수 있다. 즉, 이와 같은 경우는 KCS 14 20 42 「매스 콘크리트」, KCS 14 20 33 「고강도 콘크리트」의 규정을 검토하여 적용할 수 있다.

한중 콘크리트의 적용 원칙으로는 한중 콘크리트를 시공할 때 콘크리트가 동결되지 않아야 하며, 또한 한랭기온에서도 소요의 강도 등 품질을 얻도록 적절한 조치를 취하여야 한다. 따라서 한중 콘크리트 시공에서 특히 주의하여야 할 사항은 다음과 같다.

(1) 응결경화 초기에 동결시키지 않도록 할 것

경화 전 콘크리트가 동결하거나 동결융해작용을 반복하여 받으면 쉽게 동결팽창하여 초기동해(初期凍害: early frost damage)를 받는다. 초기동해를 받은 콘크리트는 그 후 적절한 양생을 실시하더라도 강도를 회복하기 어렵고 내구성 및 수밀성 등도 매우 저하된다. 이러한 초기동해는 응결 전의 동결과 응결되었더라도 아직 충분한 강도가 확보되지 않은 시멘트가 물로 포화되어 얼어버린 상태다. 이 경우 시멘트 페이스트 조직에 수화반응이 거의 진행되지 않음에 따라 얼어 팽창되었던 조직을 기온상승으로 녹는 시점에 잘 다져 주게 되면 강도나 내구성에는 거의 문제가 없을 수 있지만, 충분히 다져주지 않으면 균열 및 강도 저하 등의 문제가 발생한다. 그러나 현실적으로 이 시기에 다짐이 불가능하기 때문에 심각한 초기동해 피해가 발생하므로 동결하지 않도록 하는 조치가 필요하다. 후자의 경우도 전자보다는 약할지라도 심각한 상태로 콘크리트 조직 내의 자유수동결에 따라 체적의 팽창으로 조직 이완이나 파괴를 일으켜 경화 콘크리트의 강도, 수밀성, 내구성 등에 현저한 영향을 끼치므로, 역시 충분히 강도가 발휘되기 이전에는 동결되지 않도록 하는 조치가 필요하다.

(2) 양생 종료 후 따뜻해질 때까지 받는 동결융해작용에 대하여 충분한 저항성을 가지게 할 것

한중 콘크리트 시공에 있어 초기양생은 완료되었다고 하더라도 콘크리트 자체의 조직은 아직 치밀하지 못한 상태이다. 따라서 이와 같은 시기에 물이 침수된 상태에서 격심한 동결융해작용을 받게 되면 스케일링(scaling)동해로 콘크리트 표면이 벗겨지거나 팽창 균열 등 문제를 일으킬 수 있으므로 충분한 저항성을 갖도록 보호해 줄 필요가 있다.

(3) 공사 중 각 단계에서 예상되는 하중에 대하여 충분한 강도를 가지게 할 것

겨울철 콘크리트가 동결되지 않더라도 5℃ 정도 이하의 저온에 노출되면, 응결 및 경화반응이 상당히 지연되어 관리재령 내에 소정의 강도 발현이 이뤄지지 않는다. 따라서 이러한 시기에 시공된 구조물이 예상 이외의 큰 하중은 물론이고, 예상되는 하중을 받는 경우라도 균열, 잔류변형 등의 문제가 생기기 쉽다. 따라서 기온보정강도 등을 고려하여 설계기준강도보다 큰 호칭강도의 레미콘을 주문하거나 관리재령을 연장하는 등 조치를 취할 필요가 있다.

1.3 한중 콘크리트 공사의 적용기간

1.3.1 우리나라의 경우

우리나라 콘크리트 표준시방서 중 KCS 14 20 40인 한중 콘크리트에서는 '하루의 평균기온이 4℃ 이하가 예상되는 조건일 때는 콘크리트가 동결할 염려가 있으므로 한중 콘크리트로 시공하여야 한다.'라고 적용기간을 정하고 있다.

즉, 우리나라의 경우 24시간 기온을 평균한 일평균기온이 4℃ 이하가 되는 기상조건에서는 지역별로 차이는 있지만 일 최저기온이 -2.0 ~ -0.5℃ 정도이다. 일반적으로 콘크리트의 동결적산온도는 물-결합재비 및 혼화 재료의 종류 등에 따라 약간의 차이는 있지만 -2.0 ~ -0.5℃로 알려져 있다. 따라서 일평균기온이 4℃ 이하인 기간에 콘크리트를 타설하게 되면 응결경화반응이 크게 지연되고 밤중이나 새벽뿐만 아니라 낮에도 콘크리트가 동결할 염려가 있다. 따라서 이 기간에는 한중 콘크리트로 시공하여 가능한 초기동해 및 강도 지연발현에 따른 강도저하의 피해를 최소화할 필요가 있다.

우리나라 각 지역의 한중 콘크리트 적용기간은 기상청 데이터를 이용하여 정리하면 표 1.1 및 그림 1.2와 같으며, 한중 콘크리트 적용기간은 전반적으로 서울 10.9순, 부산 5.3순, 대구 9.2순, 대전 11순, 인천 11.2순, 광주 9.2순, 그리고 평양 13순, 신의주 13.6순, 해주 11.5순, 원산 10.9순 등 지역별로 큰 차이를 보이고 있다.

[표 1.1] 우리나라 한중 콘크리트의 적용기간

지역구분		한국콘크리트학회 규정 기간 (월/일~월/일)	한국콘크리트학회 규정 일 (순)
평안남도	평양	11/11~3/20	13.0
	남포	11/24~3/18	11.4
	안주	11/12~3/20	12.9
	양덕	11/8~3/31	14.3
평안북도	중강진	10/20~3/2	16.4
	강계	10/29~4/28	15.0
	수풍	11/07~3/27	14.0
	신의주	11/11~3/27	13.6
	구성	11/19~3/20	12.1
	희천	11/08~3/28	14.0
황해도	사리원	11/15~3/18	12.3
	신계	11/12~3/18	12.6
	용현	11/24~3/18	11.4
	해주	11/23~3/18	11.5
함경남도	혜산진	10/19~4/7	17.1
	장진	10/16~4/22	8.8
	함흥	11/18~3/25	12.7
	신포	11/17~3/27	13.0
	원산	11/25~3/14	10.9
	풍산	10/17~4/17	18.1
함경북도	웅기	11/9~4/2	14.4
	청진	11/11~4/2	14.2
	성진	11/7~3/26	13.9
강원도	평강	11/11~3/27	13.6
	속초	12/11~3/7	8.8
	대관령	11/8~4/4	14.8
	춘천	11/17~3/17	12.3
	강릉	12/12~3/7	8.6
	원주	11/16~3/17	12.2
	울진	12/12~3/6	8.5
	인제	11/16~3/18	12.5
	홍천	11/14~3/19	12.6
	삼척	12/10~3/7	8.8
경기도	개성	11/17~3/18	12.1
	서울	11/24~3/12	10.9
	인천	11/28~3/17	11.2
	수원	11/21~3/18	11.9
	강화	11/23~3/17	11.8
	양평	11/17~3/16	12.0
	이천	11/17~3/16	12.0
충청남도	서산	11/28~3/16	10.9
	대전	11/24~3/13	11.0
	온양	11/24~3/13	11.0
	유성	11/22~3/6	10.5
	대천	11/28~3/15	10.8
	부여	11/27~3/12	10.6
	금산	11/21~3/12	11.2
충청북도	제천	11/17~3/18	12.2
	충주	11/18~3/13	11.6
	보은	11/17~3/19	12.1
	청주	11/21~3/13	11.3
경상남도	울산	12/12~2/29	7.9
	부산	12/25~2/16	5.3
	충무	12/23~2/29	6.8
	진주	11/29~3/2	9.4
	합천	11/28~3/4	9.7
	서창	11/23~3/11	10.9
	밀양	12/29~3/3	9.5
	산청	12/1~3/2	9.2
	함안	11/23~3/5	10.3
	남해	12/15~2/27	7.4
	거제	12/12~2/21	6.8
경상북도	울릉도	12/13~3/11	8.9
	대구	11/30~3/1	9.2
	포항	12/12~2/29	7.9
	칠곡	11/27~3/6	10.0
	영주	11/18~3/13	11.6
	영덕	12/11~3/6	8.7
	의성	11/18~3/12	11.6
	선산	11/25~3/7	11.5
	영천	11/27~3/7	10.1
	점촌	11/26~3/7	10.2
	추풍령	11/23~3/12	11.0
전라남도	목포	12/21~3/1	7.0
	여수	12/21~2/29	7.0
	완도	12/23~2/21	6.0
	함평	12/5~3/7	9.3
	장흥	12/5~3/6	9.2
	해남	12/11~3/4	8.4
	고흥	12/11~3/1	8.1
	승주	11/28~3/7	9.8
	광주	12/6~3/7	9.2
전라북도	임실	11/18~3/18	12.1
	남원	11/27~3/7	10.1
	이리	11/28~3/11	10.0
	부안	11/28~3/10	10.3
	군산	12/7~3/13	9.7
	전주	11/29~3/10	10.2
	정주	11/28~3/7	10.0

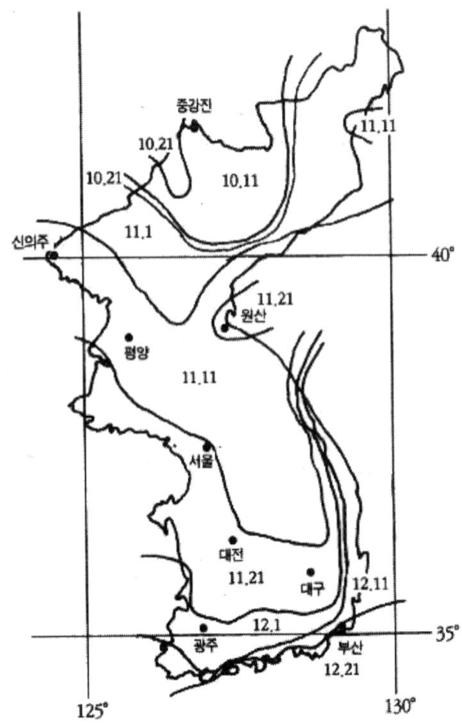

[그림 1.2] 우리나라 한중 콘크리트 적용기간의 시작일

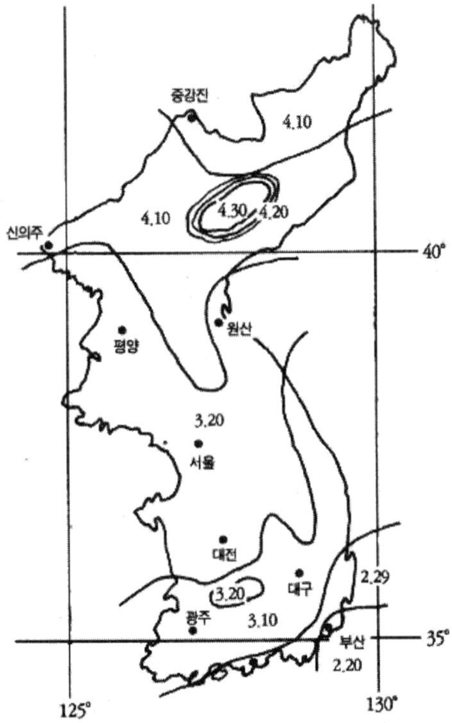

[그림 1.3] 우리나라 한중 콘크리트 적용기간의 종료일

1.3.2 미국의 경우

ACI 규정은 한중 콘크리트의 적용기간을 '일평균기온이 3일 이상 연속적으로 40°F (4.5 ℃) 이하로 예상되는 기간과 임의의 24시간 중에서 1/2 이상이 50°F(10 ℃) 이하로 되는 기간'으로 규정하고 있다. 여기서 말하는 일평균기온은 밤부터 밤까지의 최고온도와 최저온도의 평균을 의미한다. 따라서 한중 시공기간은 일반적으로 가을에 시작해서 봄까지 계속되는 것으로 보고하고 있다.

1.3.3 일본의 경우

한중 콘크리트 적용기간과 관련하여 2010년 개정 일본건축학회의 「한중 콘크리트 시공지침·동해설」에는 표 1.2와 같이 정하고 있다.

[표 1.2] 일본의 한중 콘크리트 적용기간

1.2 한중 콘크리트 공사의 적용기간

a. 한중 콘크리트 공사의 적용기간은 아래 (1), (2)의 어느 것이나 해당하는 기간을 기준으로 한다. 그러나 적용기간의 시작일 또는 종료일은 해당하는 순(旬)의 시작일 또는 끝나는 날로 한다.

(1) 타설일을 포함하는 순의 일평균기온이 4 ℃ 이하의 기간

(2) 콘크리트 타설 후 91일까지의 적산온도 M91이 840°D·D를 넘지 않는 기간

b. 한중 콘크리트 공사계획에는 기상통계자료를 이용한다. 또한, 실제 공사를 진행할 때에는 최신의 기상예보, 공사현장에서의 실측데이터를 이용하도록 노력한다.

즉 (1)의 경우는 ACI를 참조한 일본토목학회의 일평균기온 4 ℃ 이하를 반영한 것이고, (2)의 경우는 1965년 개정 시방서의 경우 물-시멘트비 65 %인 콘크리트로 표준양생·재령 28일 강도에 대한 어느 온도에서의 강도저하율이 25 %로 되는 조건이 370°D·D인 것을 근거로 '콘크리트 타설로부터 28일까지의 외기온에 대하여 구한 적산온도 M이 370°D·D 이하인 기간'이었으나, W/C 65 %는 최근 사용하지 않는 물-시멘트비이고, 한중 콘크리트 공사기간이 종료한 후에도 초기동해 대책이 필요한 경우도 있는 등 모순이 있어 이를 바로잡는 차원에서 새롭게 개정한 것으로 알려지고 있다.

1.4 한중 콘크리트 공사의 목표

1.4.1 공사 목표

한중 콘크리트 공사에서는 타설된 콘크리트가 초기동해를 입지 않고, 저온에 의한 강도지연 발현으로 공사에 지장이 없도록 아래 각 항의 달성을 목표로 한다.

1) 콘크리트가 초기동해를 받지 않도록 5.0 MPa의 압축강도가 얻어질 때까지 동결을 방지한다. 즉, 초기동해를 방지하기 위하여 적절한 공기량을 갖는 AE 콘크리트로 하는 것은 필수조건이고, 더욱이 5 MPa 압축강도가 얻어질 때까지 콘크리트를 동결시키지 않도록 할 필요가 있다.

2) 공사를 지장없이 행하기 위하여 계획한 재령에서 설계기준강도를 확보하도록 한다. 즉, 저온은 콘크리트의 강도증진을 늦게 한다. 한중 콘크리트 공사에서는 보통인 시기에 시공되어진 콘크리트와 같은 시공조건이 되도록 이와 같은 강도증진의 지연을 적절히 파악하여 배합계획을 실시하고, 양생조건과 콘크리트 강도를 관리해야만 한다.

3) 28일 이상 91일 이내의 재령에서 구조체 콘크리트가 설계기준강도를 발휘하도록 배합 및 양생계획을 실시하고 관리한다. 즉, 콘크리트 강도 발현 목표는 공사를 지장없이 행하기 위해 일반적으로는 28일에서 설계기준강도가 발휘되도록 하는 것이 원칙이지만, 겨울철 저온 환경에서 28일로 관리하는 것은 지나치게 큰 강도보정으로 품질 불균일 및 예산상 무리가 따를 수 있으므로 42일, 56일 및 91일로 관리재령을 연장하여 계획된 재량에서 설계기준강도가 발휘되도록 배합 및 양생계획을 실시하고 관리하게 된다.

4) 정상적인 콘크리트의 품질을 확보하기 위하여 과도한 온도상승, 건조, 급격한 온도변화를 막는다. 즉, 추운 겨울철 콘크리트 공사를 진행하기 위하여 특별한 보온양생을 계획하게 된다. 그러나 이와 같은 경우 지나친 가열, 급격한 콘크리트 온도의 상승과 하강, 국부적인 가열이나 단열거푸집 제거 시 나타나는 급격한 건조와 온도의 불균일이 생기게 되면 콘크리트 품질에 악영향을 준다. 급격한 온도변화나 온도분포의 불균일은 온도응력에 의한 균열발생의 원인이 되고, 건조는 균열의 원인이 됨과 동시에 강도증진을 멈추게 할 수 있다.

1.4.2 경제성 및 작업자의 고려

한중 콘크리트 공사의 목표는 동결할 것 같은 시기에 있어서도 통상의 시기에 시공되어지는 콘크리트와 동일한 품질과 공사의 공정을 확보하는 것에 있다. 한중 콘크리트 공사에 있어서 특별히 추가되는 경비는 반드시 건물의 성능 향상에 역할을 하는 것이 아니므로 할 수만 있다면 피하고 싶은 것이다. 따라서 적용 가능한 가설재를 적극적으로 이용하는 등 경제적인 관점으로부터 검토를 하지 않으면 안 된다. 콘크리트의 강도를 설계기준강도보다 일단 높은 호칭강도로 발주하면 그것 때문에 경비는 증가하지만, 가열양생비가 저감되는 등 이와 같은 항목은 서로 연관되어 있다. 따라서 경비의 검토에서는 계획의 피드백이 필요할 수도 있으므로 이를 고려해야 한다.

동절기는 춥기 때문에 작업능률이 저하한다. 더운 경우와 비교하여 생리적인 의미에서의 작업능률 저하는 크지 않지만, 손가락이나 발가락 등 차갑기 쉬운 부분의 보호 등이 필요하므로 준비 면의 어려움이 능률 저하의 이유가 되는 경우도 많다. 옥외는 물론 양생상옥 내에서도 부분적으로 추운 곳이 있고, 빙설 때문에 보행 등에서도 주의가 요구된다. 양생상옥을 만들어도 그 내부 전체를 덥히는 데에는 비용이 많이 들지만, 노동자의 보온위생과 능률 향상에 있어 이점도 크고, 콘크리트 공사뿐만 아니라 타 직종 공사의 능률 향상에도 효과적이다.

1.5 용어의 정의

본 실무지침에 사용되는 용어는 다음과 같이 정의한다.

1) 적산온도: 온도와 시간의 곱으로 나타낸 양생 및 한랭의 정도를 나타내는 지표로, -10 ℃를 기준 온도로 한 온도체계이다.

$$M = \sum_{i=0}^{n} (\theta + 10) \tag{1.1}$$

여기서 M: 적산온도 (°D·D)

n: 재령 (일)

θ: 재령 n일까지의 일평균기온 또는 일평균 콘크리트 온도

2) 계획 양생온도: 보온양생에서 예정하는 양생온도로, 이 온도에 대응시켜 콘크리트 배합을 계획하고 양생을 관리한다.

3) 초기동해: 응결경화의 초기에 받는 콘크리트의 동해, 콘크리트 타설 후부터 경화의 초기단계에서 동결 또는 수화의 동결융해 반복작용에 의해 조직파괴, 강도저하, 파손, 균열을 일으키는 피해를 말한다.

4) 초기양생: 콘크리트 타설 후부터 초기동해가 방지될 수 있는 압축강도에 도달할 때까지의 기간에 행해지는 보온양생으로, 이 기간에는 콘크리트의 어느 부분이라도 동결되어서는 안 된다.

5) 계속양생: 초기양생 종료 후 계획한 재령에 필요한 압축강도에 도달할 때까지 행해지는 보온양생이다.

6) 보온양생: 초기동해 방지, 소정 콘크리트 강도의 발현을 목적으로 콘크리트를 계획한 온도로 유지하는 양생으로, 가열유무에 따라 급열양생과 무급열양생으로 나누어진다.

7) 급열양생: 양생기간 중 어떤 열원을 이용하여 콘크리트를 가열하는 양생 콘크리트 부재 또는 그 주변을 가열하는 보온양생방법이다.

8) 무급열양생: 가열을 행하지 않고 콘크리트와 외기를 시트류 또는 단열재 등으로 주위를 열차단하는 보온양생이다. 수화열의 이용 여부에 따라 단열양생과 피복양생으로 나누어진다.

9) 단열양생: 단열성이 있는 재료로 콘크리트 감싸고, 콘크리트의 수화열을 이용하는 양생방법이다.

10) 피복양생: 시트 등으로 콘크리트의 노출면, 형틀면을 덮어 수분 증발과 바람의 영향을 막고, 콘크리트의 냉각을 지연시키는 간단한 양생방법이다.

11) 양생상옥: 작업이나 양생을 위한 공간으로 상옥을 설치해 주는 양생둘레이다.

12) 양생덮개: 시트류나 단열재 등으로 콘크리트 노출면이나 거푸집표면 등을 덮어 주는 양생재이다.

13) 경미한 동결기: 일 최저기온이 -3 ℃를 넘는 시기로, 초기동해의 위험이 비교적 적은 기간이다.

14) 내한촉진제: 콘크리트의 동결온도를 저하시킴과 동시에 저온환경하에 있어서 응결·경화촉진작용을 갖는 화학혼화제이다.

참고문헌

1) 한민철, 한천구 (2002). “기온과 콘크리트”, 기문당, 한국

2) 국토교통부 (2016). “한중 콘크리트”, 국가건설기준 표준시방서, 한국

3) 한국콘크리트학회 (2005). “최신 콘크리트공학”, 기문당, 한국

4) 한국콘크리트학회 (2009). “콘크리트 표준시방서 해설”, 기문당, 한국

5) 日本建築学会 (2015). “建築工事標準仕様書·同解説”, (株)東京印刷, 日本

6) 日本建築学会 (2010). “寒中コンクリート施工指針·同解説”, 東京印刷, 日本

제2장 콘크리트 공사계획

2.1 일반사항

한중 콘크리트 공사 시에는 제1장 1.4에서 서술한 한중 콘크리트의 각종 목표를 달성하기 위하여 공사·공정계획, 양생계획, 배합계획, 양생두름계획, 관리계획 및 예산계획의 수순에 의한 공사계획을 세운다. 본 장에서는 한중 콘크리트 시공 시 공사계획을 세우는 방법에 대하여 개략적으로 정리하는 것으로 한다. 먼저, 작성된 공사계획서를 숙지함으로써 한중 콘크리트 공사의 계획 전체를 파악하는 것이 중요하다.

공사계획을 세우는 순서는 개략적으로 위에서 서술한 순서에 따른다. 그 경우 각 수순상으로부터 모든 것을 확정할 필요가 없다. 그림 2.1에 나타낸 것과 같이 끊임없이 피드백을 반복하면서 전체적으로 서서히 계획을 구체화해 나간다. 피드백은 공사계획을 전체적으로 무리 없이 균형 잡힌 계획을 세우기 위하여 계속해서 진행되어야 한다. 그러나 공사계획은 주로 피드백하는 것에 의하여 내용을 구체화·상세화시켜 간다.

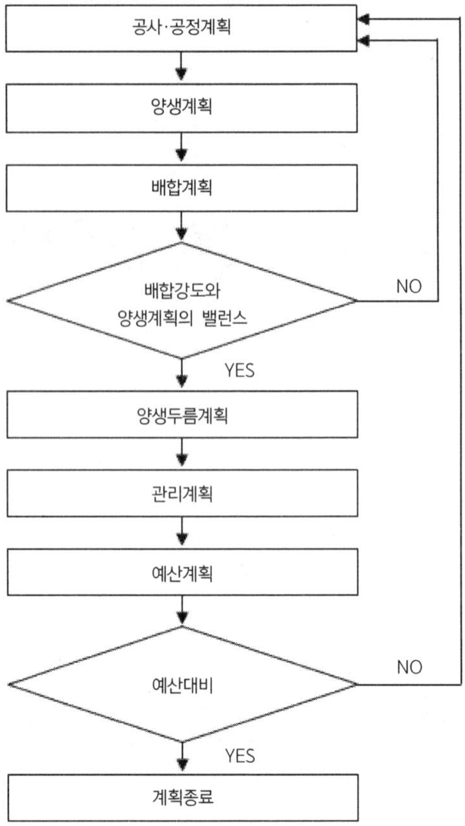

[그림 2.1] 공사계획 작성 순서

2.2 공사·공정계획

공사·공정계획은 콘크리트 초기동해 등 유해한 손상을 입지 않고, 콘크리트 품질을 확보할 수 있도록 계획을 세운다. 즉, 공사·공정계획의 기본은 제1장에서 기술한 한중 콘크리트 공사의 목표를 달성하는 것에 있다. 양생계획, 배합계획 및 양생두름계획 등을 포함한 기상통계자료를 이용하여 시공기간의 기상조건을 예측하여 계획한다.

공사·공정의 수립에는 건물조건, 공사조건 및 대지조건을 고려하고, 기상조건으로 특히 기온과 적설 및 바람의 영향을 충분히 고려하지 않으면 안 된다. 이런 기상조건은 콘크리트 강도 발현을 지연시키고 작업능률을 저하시킨다. 기상자료로는 기온, 눈 및 바람에 대한 데이터를 수집한다. 필요한 데이터는 한중 콘크리트 적용기간 지역의 기상관측 데이터를 참고한다. 데이터가 없는 지역은 가까운 지역의 기상데이터를 참고함으로써 건설지역의 표고와 지세 등을 고려하여 추정한다. 기상에는 그 지역 특유의 현상이 많기 때문에 지역주민으로부터 정보를 얻는 것도 중요하다. 그림 2.2는 공사·공정계획과 제반 조건을 나타낸 것이다.

[그림 2.2] 공사·공정계획과 제반조건

2.2.1 공사계획

공사계획을 세우기 위해서는 한중 콘크리트 공사에 필요한 많은 정보를 수집하는 것이 중요하다. 시공사례는 건설지역, 건설규모와 구조, 동절기 공정 등 공사조건에서 할 수 있는 만큼 유사한 자료를 참고할 수 있다. 그 경우 자사 사례만큼 타사 잡지에 실린 공사기록 등도 광범위하게 수집하여 참고하면 좋다. 지역 공사자료로서 동절기 가설자재정보, 노무정보와 교통정보 등을 수집한다. 이것들의 내용을 종합적으로 고려하여 무리하지 않게 공정을 세운다. 너무 신중하거나 과하지 않게, 필요 이상으로 공정이 길어지거나 가설비가 너무 많아지지 않도록 밸런스를 조절한다. 또한, 가정한 것 이상의 기상조건이 되었을 경우에도 임기응변으로 대응할 수 있도록 공사계획을 세우는 것이 중요하다.

2.2.2 공정계획

공정계획에 있어서는 한중 콘크리트 공사의 시공시기, 시공부위 및 시공수량 등을 명확히 한다. 즉, 보온양생에 이용되는 설비 등을 준비할 필요가 있는 한중 콘크리트 공사에는 가능한 한 빠른 시기에 콘크리트 시공계획이 세워지는 것이 바람직하다. 동일한 한중 콘크리트 공사 적용기간이더라도 11월과 12월의 추워지는 시기와 1월과 2월의 혹한기, 더욱이 3월의 따뜻해지는 시기에는 가장 합리적으로 이루어지는 보온양생의 방법이 같지 않다. 또한, 동일한 시기에 부어넣는 콘크리트라도 그 부위가 기초, 지하와 지상으로 된다면 6장의 한중 콘크리트 양생에서 서술하는 양생계획이 다르다. 나아가 타설 양과 타설 일수에 의하여 준비하는 양생자재가 변화한다. 따라서 어느 정도 상세한 공정표를 작성하고, 콘크리트 타설시간, 부위 및 양을 명확하게 해두며, 공정표 작성 시 설날 연휴와 대설에 의한 작업불능일도 감안하여 초기양생기간을 고려해 둔다.

2.3 양생계획

양생계획의 주안점은 콘크리트의 초기동해 방지와 계획한 재령에 있어서 필요한 강도를 확보하는 것이다. 이때 양생계획은 초기양생과 계속양생 각각에 대하여 행하는 것이다. 즉, 초기양생은 콘크리트가 초기동해를 받지 않도록 하는 것이고, 계속양생은 계획한 재령에서 필요한 강도를 얻을 수 있도록 하는 것인데, 각각의 경우에 양생방법, 양생기간 및 계획양생온도를 정한다.

2.3.1 초기양생

한중 콘크리트 공사에 있어서 초기양생은 주로 초기동해 방지를 목적으로 하며, 양생의 요점은 콘크리트 부어넣기 시간에 대한 적절한 양생방법, 양생기간과 계획양생온도를 정하는 것에 있다.

콘크리트 압축강도는 5.0 MPa을 초과하면 초기동해의 위험이 없고, 수회의 동결융해작용에도 견딜 수 있게 된다. 그러므로 압축강도가 5.0 MPa에 이를 때까지는 콘크리트가 동결되지 않도록 초기양생을 행할 필요가 있다.

2.3.2 계속양생

계속양생은 주로 계획한 재령에서 필요한 강도를 얻는 것을 목표로 한다. 따라서 초기양생과는 구별되는 양생방법, 양생기간 및 계획 양생온도를 정하는 것이 필요하다. 일반적으로 계속양생의 양생계획은 초기양생에 비하여 경미하게 한다.

초기양생이 끝난 후 외부에 노출되는 콘크리트는 수회의 동결융해작용에 견딜 수는 있지만, 그 시간의 콘크리트는 아직 동해에 대하여 취약할 수 있어 동결융해작용을 받지 않도록 계속양생을 계획하는 것이 바람직하다.

2.4 배합계획

한중 콘크리트의 배합계획은 양생계획과 비교하면서 초기동해 방지에 필요한 압축강도가 초기양생기간에 얻어질 수 있도록 하여야 하고, 더욱이 시공상 필요한 강도 및 설계기준강도가 각각 계획한 재령에서 얻어질 수 있도록 배합강도를 정한다. 즉, 한중 콘크리트 공사에서는 먼저, 콘크리트의 초기동해방지를 목적으로 하는 초기양생계획과 그 이후 강도증진의 촉진을 목적으로 하는 계속양생계획을 병행하여 고려하는 것이 중요하다. 양생계획에 의거하여 예정하는 양생기간과 계획양생온도를 정하고, 이것에 따르는 배합강도를 구한다. 그림 2.3은 배합계획 순서를 나타낸 것이다.

초기양생기간에 얻어지는 콘크리트의 압축강도가 5.0 MPa 이상이 되는 것을 확인하고, 시공상 필요한 강도 및 설계기준강도가 계획한 재령에서 얻어지는 것을 확인한다. 계획한 재령에 있어서 필요한 강도가 발현되지 않는다고 판단되는 경우는 다음에 제시하는 대책 중 하나 혹은 두 개 이상의 대책을 강구하여 필요한 배합강도를 확보하도록 해야 한다.

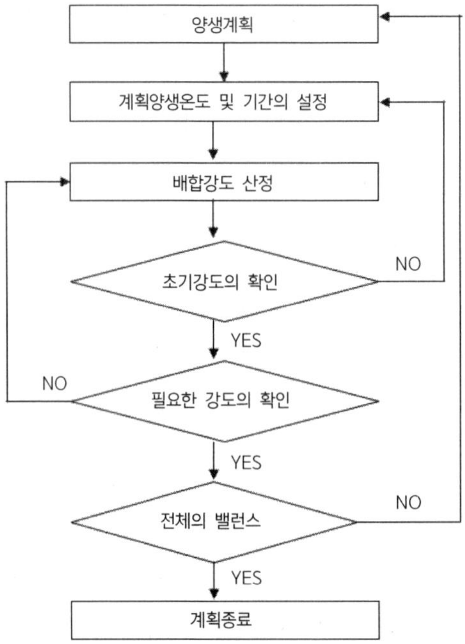

[그림 2.3] 배합계획 순서

첫째, 초기양생의 조건을 개선한다. 즉, 단열양생의 경우는 단열재료의 변경과 두께의 증가, 구조물 주위의 무풍화와 고정된 공기층을 만드는 등의 방법을 통하여 열손실계수를 작게 하고, 콘크리트 온도가 0 ℃로 차가워질 때까지 시간을 늘릴 수 있도록 노력해야 한다. 가열양생인 경우는 가열일수를 길게 하든지, 가열온도를 약간 높게 하는 등의 방법을 강구한다.

둘째, 1단계 위의 호칭강도를 선택한다. 즉, KS F 4009(레디믹스트 콘크리트)의 레디믹스트 콘크리트 종류의 표에서 1단계 위의 호칭강도의 강도치에 대하여 초기양생의 방법 특히, 양생온도와 양생일수에 대하여 적산온도 M(°D·D)으로 검토한다.

셋째, 시멘트 종류를 조강성으로 변경한다. 즉, 시멘트 종류를 조강 포틀랜드 시멘트로 변경하는 경우에 대하여 검토해본다.

넷째, 조강성 혼화제를 사용한다. 즉, 단위시멘트량을 줄이지 않고 AE감수제 촉진형 또는 내한촉진제를 보통 포틀랜드 시멘트에 혼합하여 조강 포틀랜드 시멘트에 근접한 강도를 얻거나, 조강성 시멘트와 조강성 혼화제를 병용하는 것도 효과가 있다.

처음에 정한 양생계획 및 구해진 배합강도는 절대적인 것은 아니고, 보다 확실하게 경제적인 배합계획이 될 수 있도록 피드백을 반복하여 수립해 가는 것이다.

타설 시 콘크리트의 온도는 5 ~ 20 ℃가 되도록 계획한다. 즉, 외기온이 낮은 상태에서 따뜻한 콘크리트의 냉각을 방지하는 대책을 세우는 것은 비교적 쉽지만, 냉각된 콘크리트의 온도를 상승시키는 것은 어렵다. 이 때문에 타설 시 기상조건이 완만하거나 부재 단면이 두꺼운 콘크리트(낮은 온도)인지 혹은 기상조건이 가혹하거나 부재가 얇은 단면의 콘크리트(높은 온도)인지를 고려하여 콘크리트 온도를 5 ~ 20 ℃ 안에서 목표온도를 계획하고, 발주 시에는 최저온도에 대하여 협의할 필요가 있다.

2.5 양생두름계획

보온양생의 계획에 앞서 동절기의 공사를 지장 없이 능률적으로 진행하고, 보온양생의 초기 목적을 달성하기 위하여 양생두름에 따른 방법을 검토한다. 즉, 보온양생을 확실히 효율적으로 수행하는 것이 양생의 역할이기 때문에 이를 일차적으로 생각해서 피복양생으로 끝낼 것인지, 양생상옥을 적용할지를 진지하게 검토한다.

양생상옥은 비용이 많이 들고 자재 반출입의 제약을 받는 등 공정에도 큰 영향을 미친다. 그렇기 때문에 할 수만 있다면 양생상옥을 설치하지 않고 피복양생으로 끝내고 싶어 하는 것이다. 그렇지만 기상조건에서 저온이 계속되고, 강설이 많으며, 바람이 강할 경우에는 오히려 양생상옥을 설치하는 것이 작업능률도 향상되어 상책인 경우가 많다. 이때 저온인 경우는 일최저기온이 -3 ℃ 전후를 기준으로 삼는다.

양생상옥을 설계함에 있어서 열효율 관점에서의 보온성 또는 안전성 관점에서의 구조내력에 유의하는 것은 당연하다. 이밖에도 양생상옥은 그 내부에서 작업이 이루어지기 때문에 히터를 사용하는 경우 화재 방지, 유독가스 방지 혹은 채광 및 조명 등도 충분히 고려해야 한다.

저온이 계속되고, 강설이 많으며, 바람이 강한 기상조건에 있어서는 양생상옥을 설치하는 것이 일반적이지만, 건물의 크기나 형상 등으로 인해 양생상옥 설치가 어렵거나 곤란한 경우 및 콘크리트 타설량 또는 횟수가 작아 양생상옥을 설치하는 것이 매우 비

경제적인 경우에는 건설물 전체 혹은 일부를 피복양생으로 대체한다. 이 경우는 강설과 강풍에 의하여 공사에 커다란 지장이 생기지 않게 기상조건의 변화에 충분히 주의하고, 악천후 시에 필요한 대책을 사전에 강구한다.

2.6 관리계획

관리계획에 있어서는 콘크리트의 초기동해 방지와 계획한 재령에서 필요한 콘크리트의 압축강도를 얻어야 한다. 초기동해 방지에는 양생온도를 확인하거나 필요한 강도가 발현되는지를 확인하기 위하여 강도관리가 필요하다. 관리계획에 대하여는 6장 양생 및 7장 품질관리에서 자세하게 서술하고 있다.

상기의 양생온도와 콘크리트의 강도 외에 콘크리트의 배합, 양생방법, 기상관측치 등 한중 콘크리트에 관련하는 사항을 기록한다. 특히, 한중 콘크리트 공사에 관련이 깊은 기상데이터에 관련하여서는 정확하게 기록 관리한다. 이와 같은 것들의 데이터는 공사 중이나 공사 후에 문제가 생긴 경우, 혹은 후일에 한중 콘크리트 공사를 진행할 때 중요한 참고자료가 된다.

2.7 예산계획

예산계획은 콘크리트의 배합계획, 보온양생에 필요한 노무량 및 가설자재량 등을 검토한 다음 행한다. 즉, 한중 콘크리트 공사에서는 배합강도의 증가, 보온양생 등과 관련하여 각종 비용이 발생한다. 이것을 증공비(할증공사비)라 부르지만, 그 비용은 공사의 조건에 따라서 상당한 금액이 된다. 그러므로 다른 공사비와 마찬가지로 사전에 어느 정도 세부적으로 계산하고 예산화해두는 것이 필요하다. 증공비의 항목과 그 개략적인 내용은 다음과 같다.

콘크리트 배합보정비 및 가열비로서는 온수사용료, 조강 시멘트의 사용 및 내한촉진제의 사용 등이 있다. 양생두름비로서는 두름 자재비, 두름 조립 해체비, 자재 운반비 및 관리비 등이 있다. 가열양생비는 히터사용료, 연료비, 설치비, 기계운반비, 관리비 등이 있다. 제설비로서는 제설 및 융설기기 사용료, 융설재료비, 제설 및 융설비 및 기계운반비 등이 있다. 이외에 다른 경비로 인하여 증공비(할증공사비)가 당초 예산을 크게 상회할 수 있다. 이 경우에는 그 내역을 잘 검토한 뒤에 한중 콘크리트공사 전반에 대하여 재검토하고, 공사비의 증가를 가능한 한 저감하여 예산에 가깝게 한다.

이때, 공정의 변경으로는 구조체 콘크리트의 강도를 보증하는 재령을 변경하거나, 콘크리트의 타설을 보다 따뜻한 시기로 변경한다. 배합의 변경으로는 1단계 위의 호칭강도로 하는 방법, 시멘트의 종류를 조강성으로 변경하는 방법 및 조강성의 혼화제를 사용하는 방법 등을 들 수 있다. 또한, 양생방법의 변경으로는 양생두름의 자재나 가열양생의 기기 및 수량을 변경하는 방법, 양생공간을 작게 하는 방법 및 양생상옥을 피복양생으로 변경하는 방법 등이 있다.

참고문헌

1) 국토교통부 (2018). “한중 콘크리트”, 국가건설기준 표준시방서, 한국

2) 한국콘크리트학회(2009). “콘크리트 표준시방서 해설”, 기문당, 한국

제3장 콘크리트 재료

3.1 일반사항

3.1.1 개요

겨울철 콘크리트 타설 후 양생기간 중 콘크리트가 동결할 염려가 있는 시기에 콘크리트 공사를 실시할 경우에는 한중 콘크리트로 시공하여야 한다. 겨울철 낮은 기온조건하에서 타설되는 콘크리트가 초기동해를 받으면 그 후 양생을 계속하더라도 강도의 증진이 어렵고 균열, 내구성 저하 등 구조체 콘크리트 품질에 중대한 문제를 발생시킬 수 있으므로 타설 후 초기에 동결하지 않도록 주의해야 한다. 또한 한냉하에서도 콘크리트가 소요의 품질을 확보할 수 있도록 적절한 조치를 취해야 한다.

3.1.2 한중 콘크리트 공사용 재료

한중 콘크리트를 시공할 때에는 굳지 않은 상태 및 콘크리트의 경화 초기에 동결되지 않도록 주의해야 한다. 또한, 양생 종료 후 동결융해작용에 대하여 충분한 저항성을 가질 수 있도록 초기동해를 받지 않으며, 공사 중의 예상 하중에 대하여 충분한 강도를 확보할 수 있도록 사용재료나 양생방법의 선정 등에 각별히 주의해야 한다.

특히, 단열 또는 가열에 의한 보온양생을 실시하는 것 이외에 콘크리트의 재료 선정이나 배합계획상에 있어서도 적절히 안배해야 할 필요가 있다. 초기재령의 강도 발현을 위해서 포틀랜드 시멘트를 사용하는 것을 표준으로 하고, AE제, AE감수제, 고성능 AE 감수제 중 한 종류를 반드시 사용하여 미세한 공기기포에 의한 초기동해나 동결융해에 대한 저항성을 높여야 한다. 또한, 소요의 워커빌리티를 얻을 수 있는 범위 내에서 가능한 한 단위수량을 적게 하며, 물-시멘트비는 60% 이하로 유지하는 등 적절한 조치를 취할 필요가 있다.

그 외 기타 혼화재료나 콘크리트 공사용 재료를 사용할 때에는 한중 콘크리트를 제조하는 데 적절한 것인가를 시험배합을 거쳐 확인한 후 사용해야 한다.

3.2 시멘트

3.2.1 시멘트

시멘트는 KS L 5201(포틀랜드 시멘트)에 적합한 보통 포틀랜드 시멘트 또는 조강 포틀랜드 시멘트를 표준으로 한다. 건설분야에 사용되는 주된 시멘트는 표 3.1과 같다. 한중 콘크리트 공사에는 일반적으로 저열조건에서 강도를 얻을 수 있는 것이 기대되지만, 저열 양생을 한 경우의 강도증진의 지연이 작고, 콘크리트가 동해를 받을 염려를 줄일 수 있는 보통 포틀랜드 시멘트 또는 조강 포틀랜드 시멘트를 한중 콘크리트 공사에 이용하는 것을 표준으로 한다.

초속경 시멘트를 사용할 경우에는 응결 및 경화 특성 등에 대해 신뢰할 수 있는 자료 또는 시험을 통해 콘크리트의 소요의 요구품질이 확보되는 것을 충분히 확인한 후 사용한다.

한편, KS L 5201(포틀랜드 시멘트) 중에 중용열 포틀랜드 시멘트, 저열 포틀랜드 시멘트, KS L 5210(고로슬래그 시멘트), KS L 5211(플라이애시 시멘트) 및 KS L 5401(포졸란 시멘트)의 경우는 저온으로 인한 강도 발현 지연에 대한 대책을 세운 후 사용할 수 있다. 일반적으로 중용열 포틀랜드 시멘트, 저열 포틀랜드 시멘트, 고로 시멘트, 실리카 시멘트 및 플라이애시 시멘트는 저열에서 양생한 경우에 강도증진이 늦기 때문에 한중 콘크리트 공사에서 사용하는 것은 바람직하지 않다. 하지만, 강도증진의 지연을 미리 파악하고, 초기양생을 철저하게 하는 등의 대책을 수립한 경우, 이러한 시멘트를 한중 콘크리트 공사에 사용하는 것이 가능하다. 특히, 매스 콘크리트 등 수화열에 의한 균열 발생의 염려가 있는 경우에는 이러한 시멘트의 적용을 검토하는 것도 좋다.

한편, 플라이애시 시멘트를 사용할 경우 AE제나 AE감수제에 의한 콘크리트 내 공기연행 효과가 나빠지는 경우가 있어, 공기량 관리에 특별히 주의하여 적용하여야 한다.

[표 3.1] 건설분야에 사용되는 주요 시멘트 및 한중 콘크리트 적용 가능성

시멘트 종류		압축강도 KS 규격치 (MPa)			한중 콘크리트 적용 가능성
		3일	7일	28일	
포틀랜드 시멘트 (KS L 5201)	보통(1종)	12.5 이상	22.5 이상	42.5 이상	◎
	중용열(2종)	7.5 이상	15.0 이상	32.5 이상	△
	조강(3종)	20.0 이상	32.5 이상	47.5 이상	◎
	저열(4종)	-	7.5 이상	22.5 이상	△
	내황산염(5종)	10.0 이상	20.0 이상	40.0 이상	△
혼합 시멘트	고로슬래그 시멘트 2종 (KS L 5210)	10.0 이상	17.5 이상	42.5 이상	△
	플라이애시 시멘트 2종 (KS L 5211)	10.0 이상	17.5 이상	37.5 이상	△
	포졸란 시멘트 2종 (KS L 5401)	10.0 이상	17.5 이상	37.5 이상	△

3.2.2 그 밖의 시멘트

그 밖의 시멘트로서 우리나라에서 유통되고 있는 준조강 시멘트, 미분 시멘트 등을 사용할 경우에는 신뢰할 수 있는 자료 또는 시험을 통해 콘크리트의 요구품질이 확보되는 것을 충분히 확인한 후 적용할 수 있다.

KS F 4009(레디믹스트 콘크리트)에 규정되어 있는 시멘트 이외의 시멘트는 건설물에의 적용이 제한되어 있기 때문에, 이를 사용하기 위해서는 필수적으로 신뢰할 수 있는 자료 또는 시험을 통해 콘크리트의 소요의 요구품질을 확인한 후 적용하여야 한다.

3.3 물 및 골재

3.3.1 물

물은 기름, 산, 염류, 유기불순물, 혼탁물 등 콘크리트 및 강재의 품질에 영향을 미치는 유해물을 함유하지 않아야 한다. 콘크리트 제조에 사용하는 물은 KS F 4009 (레디믹스트 콘크리트) 부속서 2(레디믹스트 콘크리트의 혼합에 사용되는 물)의 기준에 적합한 것을 사용하여야 하며, 콘크리트 혼합수로 해수를 사용해서는 안 된다.

3.3.2 골재

잔·굵은골재는 깨끗하고 강하며, 내구적인 것으로서 적당한 입도를 가진 것을 사용해야 하며, 먼지, 진흙, 유기불순물, 염분 등의 유해물질을 함유해서는 안 된다.

콘크리트용 골재는 KS F 2527(콘크리트용 골재)의 품질기준에 적합한 것이어야 한다. 특히, 골재가 동결되어 있거나 골재에 빙설이 혼입되어 있는 골재는 그대로 사용할 경우 콘크리트의 온도 저하나 단위수량의 변동이 발생할 수 있고, 큰 덩어리의 얼음은 타설된 콘크리트에 공극으로 남을 수 있기 때문에 주의를 기울여야 한다.

3.3.3 재료의 가열

재료를 가열할 경우 물 또는 골재를 가열하는 것으로 하며, 시멘트는 어떠한 경우라도 직접 가열하여서는 안 된다. 특히, 물은 재료 중에서 열용량이 크고 가열이 용이하지만, 온수를 사용하면 시멘트가 급결할 수 있기 때문에 물의 가열 시에는 60 ℃ 이하로 가열하는 것이 바람직하다. 특히, 물과 골재의 혼합물의 온도는 40 ℃ 이하로 유지하여야 한다.

골재를 가열할 경우에는 직접 가열보다는 증기 등을 이용하여 간접적으로 가열하는 방법을 추천한다. 특히, 골재가 국부적으로 건조되어 함수율이 변동되지 않는 방법을 적용하여야 한다. 이러한 물 또는 골재 등 재료의 가열은 재료가 균일하게 가열되어 항상 소요 온도의 재료를 얻을 수 있도록 하여야 하며, 콘크리트의 비비기 작업에 대응할 수 있도록 해야 한다.

부어넣을 때의 콘크리트 온도는 구조물의 단면치수, 기상조건, 운반시간 및 타설까지의 시간 등을 고려하여 5 ℃ 이상 20 ℃ 미만으로 하고, 기상조건이 가혹한 경우나 부재두께가 얇은 경우 타설할 때의 콘크리트 최저온도는 10 ℃를 확보하도록 한다. 일례로 골재의 온도가 0 ℃ 이상일 경우, 혼합수의 온도를 60 ℃ 전후로 가열하는 것만으로도 타설 직전의 콘크리트의 온도를 10 ℃부터 20 ℃의 범위로 관리할 수 있다. 즉, 온수를 효율적으로 사용함으로써 콘크리트의 온도관리를 용이하게 할 수 있다.

한편, 경미한 동결기(일 최저기온이 -3 ℃를 넘는 시기로 초기동해의 위험이 비교적 적은 기간)의 공사에서 초기동해에 대한 대책이 고려되어 있는 경우나 콘크리트가 0 ℃까지 냉각될 때까지 얻을 수 있는 적산온도가 초기양생에 필요한 값을 충분히 만족하는 것이 검증되는 경우에는 타설 직전의 콘크리트의 온도 하한치를 5 ℃ 또는 그 이하로 할 수 있다.

물, 골재 등의 재료를 가열했거나 재료의 온도를 알 수 있을 경우, 비빈 직후 콘크리트의 온도는 아래의 식 3.1로 계산하여 적용할 수 있다.

$$\theta = \frac{0.2(\theta_c W_c + \theta_s W_s + \theta_a W_a) + \theta_s W_s + \theta_a W_{wa} + \theta_w W_w}{0.2(W_c + W_s + W_a) + W_{ws} + W_{wa} + W_w} \quad (3.1)$$

여기서 θ: 비빈 직후 콘크리트의 온도 (℃)

$\theta_c, \theta_s, \theta_a, \theta_w$: 시멘트, 잔골재, 굵은골재, 물의 온도 (℃)

W_c, W_s, W_a, W_w: 시멘트, 잔골재, 굵은골재, 물의 중량 (kg)

W_{ws}, W_{wa}: 잔골재, 굵은골재의 표면수량 (kg)

단, 보통골재의 경우 표면건조포수상태, 경량골재의 경우 표면건조상태로 함

물, 골재 등 가열한 재료를 믹서에 투입하는 순서는 시멘트가 급결하지 않도록 먼저 물과 골재를 혼합하고 다음으로 시멘트를 투입한다. 시멘트를 투입하기 직전의 골재 및 물의 온도는 40 ℃를 넘지 않도록 해야 하며, 콘크리트를 비빈 직후의 온도는 각 배치마다 변동이 작아지도록 관리해야 한다.

3.4 혼화재료

3.4.1 혼화제

혼화제는 KS F 2560(콘크리트용 화학 혼화제)에 적합한 AE제, AE감수제 또는 고성능 AE감수제를 반드시 사용하며, 한중 콘크리트를 제조하는 데 적절한 것인가를 시험배합을 거쳐 확인한 후 사용한다. AE제, AE감수제 또는 고성능 AE감수제를 사용하여 적정량의 기포를 콘크리트에 도입하는 것은 충분히 경화한 콘크리트가 아닌 경화 과정의 콘크리트의 내동해성 개선에 매우 효과적이다.

화학혼화제의 성능에 의한 구분은 표 3.2과 같다. AE감수제 촉진형은 공기연행작용을 갖는 것 이외에 조기 강도를 얻을 수 있어, 한중 콘크리트에의 적용 사례도 많다. 또한, 로단염(rhodan salt ,티오시안산염: thiocyanate)계의 AE감수제 촉진형은 아질산 등의 산화작용이 있는 약제와 혼합하면 시안가스를 발생시킬 염려가 있다. 따라서 아질산계의 혼화제는 로단염계의 혼화제와 혼합해서는 안 되며, 로단염계의 혼화제와 다른 혼화제를 혼합하는 경우에는 그 성분을 필히 확인할 필요가 있다.

고성능 AE감수제는 AE감수제보다도 높은 감수능력과 슬럼프 확보능력이 있고, 단위수량 저감, 시공성 개선 등의 용도 이외에도 고강도, 고유동 콘크리트 등에 사용되고 있다. 이와 같은 고강도, 고유동 콘크리트의 경우에도 한중 콘크리트 시공 시 소요 공기량의 확보, 저온에 의한 응결지연, 저온 조건하에서의 강도 발현 등에 유의해야 한다.

[표 3.2] 화학혼화제의 성능(KS F 2560)

항목		AE제	감수제			AE감수제			고성능 AE감수제	
			표준형	지연형	촉진형	표준형	지연형	촉진형	표준형	지연형
감수율 (%)		6 이상	4 이상	4 이상	4 이상	10 이상	10 이상	8 이상	18 이상	18 이상
블리딩양의 비 (%)		75 이하	100 이하	100 이하	100 이하	70 이하	70 이하	70 이하	60 이하	70 이하
응결 시간의 차 (분)	초결	-60~ +60	-60~ +90	-60~ +210	+30 이하	-60~ +90	-60~ +210	+30 이하	-30~ +120	+90~ +240
	종결	-60~ +60	-60~ +90	+210 이하	0 이하	-60~ +90	+210 이하	0 이하	-30~ +120	+240 이하
압축 강도비 (%)	3일	95 이상	115 이상	105 이상	125 이상	115 이상	105 이상	125 이상	135 이상	135 이상
	7일	95 이상	110 이상	110 이상	115 이상	110 이상	110 이상	115 이상	125 이상	125 이상
	28일	90 이상	110 이상	110 이상	110 이상	110 이상	110 이상	110 이상	115 이상	115 이상
길이변화비 (%)		120 이하	120 이하	120 이하	120 이하	120 이하	120 이하	120 이하	110 이하	110 이하
동결융해 저항성 (상대 동탄성 계수) (%)		80 이상	-	-	-	80 이상	80 이상	80 이상	80 이상	80 이상
슬럼프 손실 (mm)		-	-	-	-	-	-	-	60 이하	60 이하
공기량의 변화량 (%)		-	-	-	-	-	-	-	±15 이내	±15 이내

3.4.2 혼화재

한중 콘크리트 제조 시 사용하는 고로슬래그 미분말, 플라이애시, 실리카흄 등의 혼화재는 시험배합을 거쳐 품질을 확인한 후 사용한다. 일반적으로 고로슬래그 미분말, 플라이애시, 실리카흄 등은 저열에서 양생한 경우에 강도증진이 늦기 때문에 한중 콘크리트 공사에서 사용하는 것은 바람직하지 않다. 하지만 강도증진의 지연을 미리 파악하고, 초기양생을 철저하게 하는 등의 대책을 수립한 경우 이러한 혼화재를 한중 콘크리트 공사에 사용하는 것이 가능하다.

또한, 그 외 기타의 혼화재 중에는 사용방법에 따라 응결 및 강도 증진을 지연시키는 것도 있기 때문에 사전에 신뢰할 수 있는 자료 또는 시험을 통해 콘크리트의 요구품질을 확인한 후 적용하여야 한다. 특히, 플라이애시는 플라이애시 시멘트와 동일하게 미연탄소에 의해 AE제가 흡착될 가능성이 있기 때문에 공기량의 확보에 각별히 주의를 기울일 필요가 있다.

3.4.3 내한촉진제

내한촉진제는 종래 방동제 또는 내한제로 불리웠으며, 한중 콘크리트 공사에 있어서 콘크리트의 초기동해를 방지하는 목적으로 개발되어 저온의 조건에서도 시멘트의 수화를 촉진하여 조기 강도를 얻을 수 있는 혼화제이다.

내한촉진제는 KS F 2560(콘크리트용 화학 혼화제)의 AE감수제 촉진형 혹은 경화촉진제의 규정에 적합한 것을 사용할 수 있다. 내한촉진제의 종류와 특성은 표 3.3과 같다.

일본건축학회의 「寒中コンクリート施工指針·同解說(한중 콘크리트 시공지침 · 동해설)」을 참고로 하여 내한촉진제를 타입Ⅰ, 타입Ⅱ로 구분하였다. 타입Ⅰ은 KS F 2560(콘크리트용 화학 혼화제)의 AE감수제 촉진형의 규정에 적합한 것으로서 내한촉진 성능과 감수 성능을 겸비한 성능을 가진 것이다. 타입Ⅱ는 KS F 2560(콘크리트용 화학 혼화제)의 경화촉진제의 규정에 적합한 것으로 내한촉진 성능을 가진 것이다.

이러한 혼화제는 무염화, 무알칼리 타입 혼화제로 연구되어 실제 시공현장에서 사용실적이 증가하고 있으며, 일반적인 성질은 아래와 같다.

(1) 저온에서도 콘크리트의 응결을 촉진한다.

콘크리트의 응결은 저온일수록 지연되지만, 이 혼화제를 사용한 콘크리트에서는 5℃의 조건에서도 6~9시간에 응결을 보이는 경우도 있으며, 이 값은 20℃ 양생의 보통 콘크리트의 경우와 거의 동등한 값이다.

(2) 초기재령 시의 강도증진이 크다.

초기동해의 방지를 위해 강도 5 MPa을 얻기 위해 필요한 적산온도는 보통 콘크리트의 약 절반 정도인 경우도 있다.

(3) 동결점 강하를 과대하게 기대할 수는 없다.

동결온도는 혼화제의 농도가 높을수록 저하한다. 그러나 실제 콘크리트 중의 표준적인 농도 범위에서는 콘크리트 중 수분의 동결점은 약 -2～-3℃ 정도의 범위이다.

이러한 내한촉진제는 가격 면, 효과 면에서 유용하게 사용하기 위해서는 성능 및 사용 방법의 충분한 이해가 필요하며, 시험을 통해 콘크리트의 요구품질이 확보되는 것을 충분히 확인한 후 적용할 수 있다.

[표 3.3] 내한촉진제의 종류 및 특징

종류	성분	특징
타입 I	내한촉진성분 + 감수성분	• 이 혼화제 단독으로 화학혼화제(KS F 2560)의 AE감수제 촉진형의 성능을 만족할 뿐만 아니라 저온성능 또한 우수하다. • 첨가방법은 플랜트 첨가로 한다.
타입 II	내한촉진성분	• 일반적으로는 AE감수제 또는 고성능 AE감수제와 병용한다. • 병용하는 혼화제와의 상응성을 확인해 볼 필요가 있다. • 첨가방법은 플랜트 첨가 및 현장 첨가 둘 다 가능하다. (단, 현장 첨가의 경우에는 내한촉진제 자체도 단위수량의 일부로 환산하여 첨가할 필요가 있다.)

3.4.4 그 밖의 혼화재료

그 밖의 혼화재료를 이용한 경우 신뢰할 수 있는 자료 혹은 시험을 통해 콘크리트의 소요의 요구품질이 확보되는 것을 충분히 확인한 후 적용하여야 한다.

3.5 거푸집

3.5.1 일반사항

거푸집은 보온성이 좋은 것을 사용하는 것을 원칙으로 한다. 목재거푸집은 강재거푸집과 비교하여 열전도율이 낮고 보온성이 뛰어나다. 강재거푸집을 사용할 경우는 외기 온도의 급격한 변화의 영향을 받기 쉬우므로 콘크리트가 계획된 온도를 유지하도록 단열재 또는 단열재를 결합한 거푸집을 사용하는 등 보온 조치를 취해야 한다. 강재거푸집의 거푸집 면이나 콘크리트의 노출부에 직접 바람이 닿으면 콘크리트의 온도가 더욱 저하되기 때문에 주의가 필요하다.

거푸집은 양생 후에도 충분한 강도를 발현할 때까지 남겨두거나 양생포 안의 온도차를 적게 한 후 해체해야 하며, 거푸집 제거 시에는 콘크리트의 온도가 급격히 저하되지 않도록 한다. 부재의 크기가 큰 콘크리트의 경우는 수화열에 의해 콘크리트 내부의 온도가 높기 때문에 거푸집의 제거에 의해 콘크리트가 급냉할 경우 콘크리트의 내외부에 큰 온도차가 발생하여 균열이 생길 염려가 있기 때문에 각별한 주의가 요구된다.

3.5.2 단열거푸집

단열거푸집은 보온양생의 한 방법으로 거푸집의 단열성능을 보통 두께 12 mm 합판 거푸집 두께의 수 배로 향상시켜 콘크리트 타설 시의 온도(보통 10 ℃ 이상)와 시멘트의 수화작용으로 발생하는 수화열에 의한 콘크리트의 온도상승을 가능한 한 유지하도록 하는 방법이다.

단열거푸집은 합판 사이에 발포폴리스틸렌 등의 단열재를 끼워 넣은 복합단열거푸집과 합판 거푸집 패널의 외측에 발포폴리스틸렌의 단열재를 부착한 간이형의 단열거푸집이 있다. 어느 타입이나 거푸집을 해체할 때 콘크리트의 온도가 0 ℃ 이하로 내려가 거푸집과 콘크리트가 동결, 부착되거나 거푸집이 떨어지지 않는 상태가 되지 않도록 콘크리트 쪽의 거푸집 표면에 우레탄 수지를 도포하는 것이 일반적이다.

이 이외에 열선을 거푸집의 표면에 부착하여 거푸집 표면 온도를 높여 콘크리트 구조체를 양생하는 방법이나 유로폼 내측에 단열재를 부착한 단열거푸집, 갱폼에 뿜칠형이나 단열보드를 부착한 단열갱폼, 강재 거푸집 표면에 마이크로파 발열시스템을 설치하여 특수 제작된 거푸집을 활용한 발열 거푸집 등 다양한 단열거푸집이 개발되어 적용되고 있으며, 이상의 단열거푸집을 적용하기 위해서는 충분한 검증을 통해 성능을 확인한 후 적용하여야 한다. 더욱 상세한 것은 제6장 콘크리트 양생의 6.4.5 단열보온양생을 참조한다.

참고문헌

1) 국토교통부 (2016). "한중 콘크리트", 국가건설기준 표준시방서, 한국
2) 대한건축학회 부산, 울산, 경남지회 편 (2014). "건축시공학", 기문당, 한국
3) 日本建築学会 (2010). "寒中コンクリート施工指針·同解説", 東京印刷, 日本
4) 通年施工推進協議会 (2005). "耐寒剤運用マニュアル(案)", 日本
5) 남경용 (2016). "콘크리트 품질향상을 위한 단열갱폼의 적용성 평가 및 개선", 단국대학교 박사학위논문, 한국
6) 원준연 (2013). "우레탄폼을 적용한 단열갱폼의 콘크리트 양생성능에 관한 연구", 단국대학교 박사학위논문, 한국

제4장 콘크리트 배합

4.1 일반사항

콘크리트 배합은 한중 콘크리트 공사의 시공조건을 고려해서 소요 워커빌리티, 강도, 내구성 및 기타 요구성능을 가장 경제적인 조건으로 구성하는 것을 말한다.

즉, 한중 콘크리트의 배합설계란 구조물의 요구성능에 부합되는 콘크리트의 품질이 가장 경제적으로 될 수 있도록 시멘트, 골재, 물 및 혼화재료를 최적의 혼합 비율이 되도록 결정하는 일련의 과정을 말한다.

한중 콘크리트 공사에 필요한 콘크리트의 작업성(워커빌리티) 및 강도, 내구성 등의 경화 후의 특성은 일반의 콘크리트와 다르지 않다. 하지만 한중 콘크리트를 적용하게 되는 시기에는 낮은 외기온도로 인하여 콘크리트 압축강도를 포함하는 요구성능이 충분히 발현되기 어려우므로 한중 콘크리트 공사기간에는 콘크리트를 적용한 수직부재와 수평부재의 시공 중 작용하게 되는 각종 하중에 대한 충분한 검토를 통하여 압축강도 부족으로 인한 시공성이 떨어지지 않도록 관리해야 한다. 특히, 재령 91일까지 구조체 콘크리트의 설계기준강도를 만족시키기 위해 예상 평균기온에 의한 구조체의 강도 보정치에 대한 검토가 선행되어야 한다. 따라서 한중 콘크리트의 배합계획은 양생기간을 굳지 않은 콘크리트 온도와 구조체 콘크리트 강도를 보증할 수 있는 재령에 대응하여 계획하여야 한다. 이는 양생과정의 외기온도나 양생 방법에 따라 한중 콘크리트의 배합설계가 상이하게 되므로 구조체 콘크리트 강도를 보증하는 재령은 이러한 조건들을 고려하여 결정할 필요가 있다.

한중 콘크리트를 적용하는 시기로 국내 현장에서는 경미한 동절기(간절기)와 동결작용기(한중기)로 구분, 별도의 양생계획을 설정하여 콘크리트의 압축강도가 시공조건에 부합되어 발현될 수 있도록 조치하고 있다. 한중 콘크리트를 위한 양생방법으로는 표면양생, 단열양생, 공간가열양생으로 구분하나, 수평부재는 보온시트 등을 덮어주는 표면양생이 적용되고 있으며 수직부재에 대해서는 별도의 양생방법을 적용하기 어려워 공간가열양생이 일반적으로 적용되고 있다. 따라서 콘크리트의 배합계획에 따른 구조체 콘크리트 압축강도를 보증하는 재령이 타설 시점으로부터 양생관리의 재령일까지를 포함하는 것이므로 시공 전 한중 콘크리트의 시공계획을 작성하여 공사관계자의 승인을 얻어야 한다. 또한 시공자는 한중 콘크리트 공사가 합리적으로 이루어질 수 있도록 상기한 제반조건을 고려하여 한중 콘크리트 공사를 진행해야 한다.

따라서 한중 콘크리트는 시공 중 요구되는 압축강도 확보가 가장 중요하기에 소요의 재령일까지 목표 강도를 얻기 위한 양생, 관리 및 경제성 등의 공사 전체가 포함되어야 한다. 아울러 한중 콘크리트의 소요 강도를 확인하는 방법으로 구조체 관리용 공시체는 현장 봉함양생 공시체(비닐이나 랩으로 공시체를 감싸 수분증발을 방지하는 것)로 타설지점으로부터 근접한 거리에 위치시켜 관리하며 보다 명확한 강도 관리값을 얻기 위하여 양생방법의 선정이 필요하다. 특히, 한중 콘크리트의 배합계획에 있어 소정의 설계 기준강도가 소정의 재령에서 얻어지고 초기동해 방지에 필요한 콘크리트 압축강도 5 MPa이 초기양생기간 내에 얻어지도록 계획하는 것이 중요하다.

또한, 수화열이 많이 발생할 수 있는 고강도 콘크리트 및 매스 콘크리트는 일반 콘크리트와의 배합설계가 상이하게 적용되어야 하므로 고강도 콘크리트 및 매스 콘크리트를 적용한 한중 콘크리트 배합계획 시의 강도 보정치와 초기동해 방지 등의 양생관리계획에 별도의 고려가 필요하다.

4.2 배합계획에서 고려해야 할 사항

한중기간에는 낮은 외기온도로 인하여 소정의 재령에서 초기동해 방지에 필요한 압축강도, 초기양생계획 및 양생방법 등의 제반조건을 확인하고, 한중 콘크리트의 배합계획에 있어 외기온이 낮은 기간에는 호칭강도를 높게 주문하거나 물-결합재비를 낮게 하는 등 아래와 같은 고려가 필요하다.

1) 한중 콘크리트는 AE제를 포함하는 콘크리트로 목표 공기량은 4.5 ~ 5.5 %의 범위로 한다.
2) 단위수량은 필요한 워커빌리티가 얻어질 수 있는 범위에서 가능한 한 작게 한다.
3) 슬럼프는 180 mm 이하를 표준으로 한다.
4) 동결융해작용에 대한 내구성이 특별히 요구되는 경우에는 콘크리트 표준시방서 KCS 14 20 40(한중 콘크리트) 2 자재의 규정을 만족하도록 재료를 선정하여 배합계획을 결정해야 한다.
5) 온도보정값을 반영한 배합강도는 24 MPa 이상으로 한다.
6) 온도보정값 T_n은 9 MPa 이하로 한다.

일반적으로 한중 콘크리트에는 단위수량을 적게하여 콘크리트의 결빙을 감소시키거나 대체적으로 반복되는 동결융해작용에 대한 내구성 증대 및 충분한 강도를 갖기 전에 동결될 수 있는 초기동해를 방지하기 위하여 AE 콘크리트를 적용하는 것이 중요하다. 이를 위해서는 AE제, AE감수제 또는 고성능 AE감수제를 사용하며, 이때의 목표공기량은 4.5 ~ 5.5%의 범위로 배합계획에 반영한다.

일반적으로 AE제를 혼입한 콘크리트의 압축강도는 표준의 것과 비교하여 상대적으로 저하되므로 충분한 사전 검토가 요구되지만, AE공기량은 콘크리트 포화조건에서 내동해성이 있는 불연속의 공극을 형성하고 재료분리를 감소시켜 동해의 피해를 줄일 수 있다. 하지만 요즈음 사용하는 콘크리트에 있어 AE제를 독립적으로 사용한 한중 콘크리트의 설계 및 제조는 어려움이 있어 감수제 또는 고성능감수제와 혼합한 형태의 AE 콘크리트가 적용되고 있으므로 KS F 2560(콘크리트용 화학혼화제)의 기준에 맞는 것을 사용해야 한다.

또한, 한중 콘크리트는 워커빌리티를 만족하는 범위 내에서 단위수량을 가능한 한 작게 하는 것이 초기동해 방지에 효과적이기 때문에 시공상 결함이 발생하지 않는 조건에서 단위수량을 최소화시켜 굳지 않은 콘크리트의 슬럼프를 계획하는 것이 좋다. 단위수량은 고성능 AE감수제를 이용하는 것에 의해서도 작게 할 수 있으므로 슬럼프는 180 mm 이하를 표준으로 한다. 또한, 압축강도는 24 MPa 이상으로 관리하는 것이 좋다.

그리고 한중 콘크리트가 적용되는 구조물은 동결융해작용을 받는 조건이 되는 경우가 많다. 따라서 물-결합재비, 공기량, 골재의 선정 등을 통하여 콘크리트의 배합조건을 결정하는 것이 중요하므로 동결융해작용에 대한 내구성이 특히 중요한 경우에는 콘크리트구조 내구성설계기준(KDS 14 20 40)의 4.1.4 내구성 허용기준의 규정을 만족하도록 재료, 배합조건을 결정할 필요가 있다.

한중 콘크리트의 배합강도는 콘크리트 표준시방서 일반 콘크리트(KCS 14 20 10) 2.2.2의 배합강도에 의해 결정하나 온도 보정값을 반영한 구조체가 확보해야 하는 강도의 하한을 24 MPa로 정하고 있다. 이는 한중 콘크리트 공사 시 동해, 저온에 의한 응결 및 강도 발현의 지연에 대응하기 위한 것으로 저온에서 품질이 저하된 콘크리트의 사용을 피하는 의미를 갖고 있다. 따라서 표준양생을 실시한 재령 28일에서 소요의 압축강도를 확실히 확보해야 한다.

그리고 저온에 의한 콘크리트 강도를 보정한 경우 인접한 구조 부재와의 강도 차이가 발생할 수 있는데, 이때 인접한 부재의 강도 차이가 큰 것은 바람직하지 않으므로 구조체 강도 보정치의 상한을 9 MPa로 조치할 필요가 있다. 이때의 배합계획은 시멘트, 혼화제, 양생방법 등의 변경에 대하여 충분히 고려하는 것이 바람직하다.

4.3 배합강도

구조체의 콘크리트 강도는 임의의 재령에서 구조체가 발현하는 콘크리트의 압축강도를 말하는 것으로 구조설계 시 구조물이 사용되는 기간 동안에 설계기준강도를 확보해야 한다. 특히, 구조물에 사용된 콘크리트의 압축강도가 설계기준압축강도보다 작아지지 않도록 온도 및 현장 콘크리트의 품질변동을 고려하여 콘크리트의 배합강도를 결정해야 한다.

한중 콘크리트의 배합강도는 종전의 건축공사 표준시방서 및 현행 콘크리트표준시방서를 종합하여 배합강도를 정하는 방법으로 콘크리트 강도에 온도보정값을 반영하는 방법과 적산온도 방식에 의한 것으로 구분해볼 수 있다.

4.3.1 콘크리트 강도에 온도 보정값을 반영하는 방법

먼저, 구조물 콘크리트의 품질기준압축강도(f_{cq})는 식 4.1과 같이 구조계산에서 정해진 설계기준압축강도(f_{ck})와 내구성 설계를 반영한 내구성 기준압축강도(f_{cd})중에서 큰 값으로 결정한다. 콘크리트 배합설계 시 배합강도(f_{cr})는 품질기준강도(f_{cq})보다 충분히 크게 정해야 한다. 배합강도는 레디믹스트 콘크리트를 제외한 경우 품질기준강도 35 MPa 이하의 경우는 식 4.2 및 식 4.3, 35 MPa 초과의 경우는 식 4.4 및 식 4.5 중 큰 값으로 정하여야 한다. 단, 이 경우 온도의 영향은 해당 온도에 맞게 배합설계하는 것이지만, 표준온도(20±2 ℃)에 합당한 배합강도로부터 정할 경우에는 품질기준강도(f_{cq})에 표 4.1의 기온보정강도(T_n)를 더하여 구한다.

$$f_{cq} = \max(f_{ck}\ \ f_{cd}) \tag{4.1}$$

$f_{cq} \leq$ 35 MPa인 경우

$$f_{cr} = f_{cq} + 1.34s \ \ (\text{MPa}) \tag{4.2}$$

$$f_{cr} = (f_{cq} - 3.5) + 2.33s \ \ (\text{MPa}) \tag{4.3}$$

$f_{cq} >$ 35 MPa인 경우

$$f_{cr} = f_{cq} + 1.34s \ \ (\text{MPa}) \tag{4.4}$$

$$f_{cr} = 0.9 f_{cq} + 2.33s \ \ (\text{MPa}) \tag{4.5}$$

여기서 s: 압축강도의 표준편차 (MPa)

레디믹스트 콘크리트를 이용할 경우 배합강도는 KS F 4009에 따른다. 단, 구조체 콘크리트의 관리재령이 28일 이상 91일 이내인 경우 주문하고자 하는 레디믹스크 콘크리트의 호칭강도(f_{cn})는 식 4.6에 의해 산정한다.

$$f_{cn} = f_{cq} + T_n \tag{4.6}$$

여기서 T_n은 기온보정 압축강도(MPa)로서 표 4.1에 따른다.

[표 4.1] 콘크리트 강도의 기온에 따른 보정값(T_n)

결합재 종류	재령(일)	콘크리트 타설일로부터 n일간의 예상 평균기온의 범위(℃)		
보통 포틀랜드 시멘트 플라이애시 시멘트 1종 고로슬래그 시멘트 1종	28 42 56 91	18 이상 12 이상 7 이상 -	8 이상 18 미만 4 이상 12 미만 4 이상 7 미만 -	4 이상 8 미만 - - -
플라이애시 시멘트 2종 (FA 10~20%)	28 42 56 91	18 이상 13 이상 8 이상 -	10 이상 18 미만 5 이상 13 미만 4 이상 8 미만 -	4 이상 10 미만 4 이상 5 미만 - -
고로슬래그 시멘트 2종 (BS 30~60%)	28 42 56 91	18 이상 14 이상 10 이상 -	13 이상 18 미만 10 이상 14 미만 5 이상 10 미만 -	4 이상 13 미만 4 이상 10 미만 4 이상 5 미만 -
콘크리트 강도의 기온에 따른 보정값 T_n (MPa)		0	3	6

한중 콘크리트 공사 적용기간의 재령 28일까지 평균 양생온도가 4℃ 이상일 경우 온도 보정값은 재령 28일까지의 양생온도를 기초로 정하고, 배합강도는 재령 28일의 표준양생 공시체로 확인해야 한다. 일반적인 경우 타설 후 28일간의 예상 평균기온으로서 기상통계자료를 기초로 한 외기온의 평균값을 이용하지만, 보온양생이 계획된 경우에는 그 기간의 외기온에 대신 보온양생기간 동안 예정한 계획 양생온도를 이용하는 것이 가능하다. 이때 실무의 공사에 있어서 공법이나 공정의 변경이 있는 경우 양생온도의 관리에 충분한 주의가 요구된다.

4.3.2 적산온도 방식에 의한 방법

이 방법은 적산온도 M이 210°D·D 이상인 경우에 적용한다. 다만 조강 포틀랜드 시멘트, 초조강 포틀랜드 시멘트 및 알루미나 시멘트 등의 조강성 시멘트를 사용하며, 신뢰할 수 있는 자료에 의해 물-시멘트비를 정할 때에는 담당원의 승인을 얻어 적산온도 M이 105°D·D 이상인 경우에도 적용할 수 있다. 구조체 콘크리트의 강도관리재령은 91일 이내에서, 또한 적산온도 M은 420°D·D 이하가 되는 재령으로 한다.

적산온도 M(°D·D)일 때, 재령 z(일)에 있어서 배합강도(f_{cr})를 얻기 위한 물-시멘트비 x(%)는 다음 식 4.7에 의해 정한다. 설계기준강도를 얻기 위해 필요한 물-시멘트비를 이미 알고 있는 경우에 적용한다.

$$x(\%) = \alpha \cdot x_{20} \tag{4.7}$$

여기서 x: 적산온도가 M(°D·D)일 때 배합강도(f_{cr})를 얻기 위한 물-시멘트비(%)

α: 적산온도 M에 대한 물-시멘트비의 보정계수로서 표 4.2의 산정식에 의하여 정한다. 다만, 적산온도 M이 840°D·D 이상의 경우는 α =1로 한다.

x_{20}: 콘크리트의 양생온도가 20±2℃일 때 재령 28에 있어서 배합강도(f_{cr})를 얻기 위한 물-시멘트비이다.

[표 4.2] 적산온도 M에 대응하는 물-시멘트비의 보정계수 α의 산정식

시멘트의 종류	산정식
조강 포틀랜드 시멘트	$\alpha = \dfrac{\log M + 0.38}{3}$
보통 포틀랜드 시멘트 고로슬래그 시멘트 1종 포틀랜드 포졸란 시멘트 1종 플라이애시 시멘트 1종	$\alpha = \dfrac{\log(M-100)+0.13}{3}$
고로슬래그 시멘트 2종* 포틀랜드 포졸란 시멘트 2종 플라이애시 시멘트 2종	$\alpha = \dfrac{\log(M-100)-0.37}{2.5}$

* 고로 시멘트 2종은 고로슬래그의 혼입량 45% 이하인 것에 적용한다.

참고문헌

1) 국토교통부 (2018). "한중 콘크리트", 국가건설기준 표준시방서, 한국

2) 한민철, 한천구(2002). "기온과 콘크리트", 기문당, 한국

3) 日本建築学会 (2010). "寒中コンクリート施工指針·同解説", 東京印刷, 東京, 日本

4) 국토교통부 (2013). "건축공사 표준시방서", 한국

제5장

콘크리트 생산 및 시공

5.1 일반사항

한중 콘크리트의 생산 및 시공은 일반 환경에서의 콘크리트 생산 및 시공과 비교하여 외기온이 낮은 점을 제외하면 동일하게 진행될 수 있다. 즉 한중 콘크리트의 생산 및 시공은 그림 4.1과 같이 건설업체가 주변의 여러 레미콘 업체 및 공장 중 자신들이 요구하는 조건에 맞춰 레미콘을 생산할 수 있는지를 인력, 설비 및 운반거리 등을 체크리스트에 의해 평가한 다음 하나의 공장을 선정하고, 부득이한 경우는 추가 납품 가능한 레미콘 공장을 선정하게 된다.

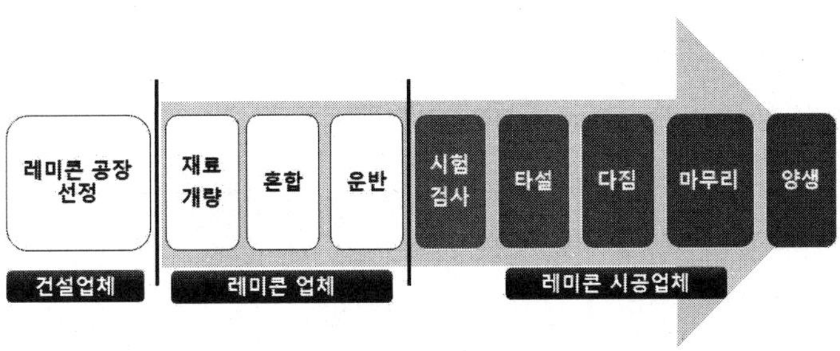

[그림 5.1] 레디믹스트 콘크리트의 생산 및 시공의 흐름도

또한, 납품을 의뢰받은 레미콘 공장의 경우는 공장 나름대로 배합설계된 자료에 의거 보유한 설비 및 기기를 이용하여 재료를 계량한 후 혼합된 레미콘을 에지테이터 트럭에 싣고 공사현장으로 운반하게 된다. 운반된 레미콘은 건설업체의 콘크리트 품질관리 담당자로부터 품질시험검사를 받은 다음, 합격된 경우 펌프카에 운반된 콘크리트를 배출하게 된다. 레미콘 생산자의 품질 책임은 여기까지가 되고, 레미콘 시공업체는 펌프로 콘크리트를 타설 위치까지 압송하고 지정 위치에 부어넣으면서 바이브레이터로 다짐하고 일정한 시간 경과 후 표면을 마무리한 다음, 양생 단계로 진입하게 된다.

일반적인 공사 시공과정에서 한중 콘크리트의 경우 낮아진 외기온을 고려하여 각종 보온 대책, 온도상승 대책 등을 시공과정에서 고려하게 되는데, 단계별 고려사항은 각 절에서 기술토록 한다.

5.2 레미콘 공장의 선정

건설공사를 진행함에 있어 현장 주변에는 일반적으로 몇 개의 레미콘 공장이 존재한다. 따라서 콘크리트 공사를 진행하기에 앞서 주변 레미콘 공장을 방문하여 체크리스트로 검토한 다음 레미콘 공장을 선정하게 되는데, 체크리스트의 검토 항목은 다음과 같다.

(1) 레미콘 공장과 관련한 사항

1) KS F 4009의 인증을 받은 공장 여부
2) 공장규모, 제조설비, 제조능력 및 운반능력
3) 사용재료의 종류, 품질 및 저장능력
4) 배합설계에 관한 자료
5) 품질관리, 검사에 관한 사내규격
6) 상주하는 기술자의 수, 기술 레벨 및 자격
7) 보유한 시험기기 및 시험시설
8) 공사현장까지의 경로 및 운반시간
9) 해당 콘크리트의 환경마크 등 기타 인증사항
10) 기타 필요한 사항

(2) 레미콘 공장의 제조설비와 관련한 사항

1) 콘크리트 재료의 저장설비 및 운반설비
2) 회수골재를 사용하는 경우 세정설비 및 운반설비
3) 배칭플랜트의 저장 빈 및 재료개량 장치
4) 혼합 및 적재설비
5) 콘크리트 운반차 및 세차설비
6) 시험검사설비
7) 기타 필요한 설비

상기의 일반적인 레미콘 공장 선정 시 검토하는 항목 중에서 특히 한중 콘크리트의 경우 골재에 빙설이 혼합되지 않도록 저장설비의 눈·비 가림 설비 및 시멘트, 혼화재 등의 보온설비가 중요시되고, 레미콘 생산 시 심야 전력을 이용한 물의 가열설비, 골재 등의 원자재 가열설비 및 레미콘 운반트럭의 단열페인트 혹은 보온덮개를 갖추고 있는지 등을 검토한다.

또한, 레미콘 공장의 선정에 있어서는 콘크리트 하역 시 소정의 온도를 유지할 수 있도록 기상조건, 운송시간 및 시공조건을 고려해야 한다. 동절기 환경에서는 콘크리트의 운송과정에서 외기온과 콘크리트 간에 온도의 차이가 크게 발생하는데, 이 차이는 운송시간이 길어질수록 더욱 커진다. 그리고 바람의 세기와 햇볕의 유무에 따라서도 영향을 받는다. 따라서 레미콘 공장을 선정할 때에는 동절기의 교통 사정을 고려해서 이동시간을 예측하고, 현장에 도착하여 배출 시 콘크리트가 소정의 온도를 유지할 수 있도록 해야 한다.

5.3 레미콘 생산 및 운반

5.3.1 레미콘 발주

인근 레미콘 공장을 조사하여 대상 레미콘 공장이 결정되면 해당 레미콘 공장에 필요한 규격 및 콘크리트 물량을 발주하게 된다. 발주는 KS F 4009(레디믹스트 콘크리트)의 표 1(레디믹스트 콘크리트의 종류)에 따른다. 즉, 콘크리트의 종류는 보통 콘크리트, 경량 콘크리트, 포장 콘크리트, 고강도 콘크리트로 구분하여 정하고, 굵은 골재의 최대치수, 호칭 강도, 슬럼프 또는 슬럼프 플로를 조합하여 발주한다.

특히 한중 콘크리트에서는 한중 환경을 고려하여 특별히 시멘트 종류를 지정하거나 혼화재료의 종류 및 사용량을 지정할 수도 있다. 호칭강도의 경우 설계기준강도에 타설 및 양생 시의 예상 기온에 따라 기온보정강도를 더하여 발주하게 된다. 콘크리트 온도는 5 ~ 20 ℃ 범위 중에서 타설 시 계획된 콘크리트의 온도를 얻기 위하여 운반 중 온도저하를 고려한 콘크리트 제조 시의 온도를 생산자와 협의하여 발주할 필요가 있다. 단, 매스 콘크리트나 고강도 콘크리트인 경우는 콘크리트 내부와 표면 간의 온도차에 의한 온도균열을 억제하기 위하여 반대로 최고온도를 협의할 수도 있다.

5.3.2 레미콘 생산 및 운반

(1) 재료의 저장

시멘트는 사일로(silo)에 저장 관리하여 방습 및 풍화를 방지하고, 외기온도에 직접적인 영향을 받지 않도록 한다. 또한, 시멘트는 어떠한 경우라도 직접 가열하여 사용해서는 안 된다. 골재는 눈, 비의 혼합 및 동결 방지를 위해 옥내 시설에 저장하고, 골재 호퍼 등 온도 변화에 취약한 부위에는 열풍기를 가동하여 얼지 않도록 하며, 빙설이 혼합되지 않도록 한다. 사용수는 온수 보일러를 이용하여 50 ~ 70 ℃의 물을 적절하게 혼합 사용하여 콘크리트 온도가 5 ℃ 이상으로 유지되도록 해야 한다. 혼화제는 보온재[1]로 방한한 탱크에 혼화제별로 저장한 후 사용하는데, 중요한 것은 동결되지 않도록 보관하는 것이다. 한번 동결된 혼화제를 사용하게 되면 공기연행 성능이나 감수성능이 저하하는 경우도 있으므로 사전에 시험하여 문제가 없는지 확인하고 사용한다.

(2) 재료 가열

겨울철 레미콘 생산에서 재료의 가열은 물의 열용량이 크기 때문에 물을 가열하는

1) 단열재보다 적극적인 대응을 하는 설비 예 열선 등을 이용한 설비

것을 표준으로 한다. 단, 물을 가열하는 것만으로 목표치에 도달하지 못할 때는 잔골재 및 굵은 골재를 가열하기도 한다. 이때 골재의 가열은 직접 불이 닿게 하여 가열해서는 안 되고 증기를 골재 중에 분사하는 방법 등으로 온도가 균일하게 되도록 한다. 또한 워커빌리티 변동에 영향을 줄 수 있으므로 골재의 함수율이 국부적으로 변동하지 않도록 하여야 한다.

그러나 한중 레미콘 생산 시 시멘트를 가열하게 되면 이상응결 등 그 품질을 저하시킬 수 있으므로 어떠한 방법이라도 가열해서는 안 된다.

(3) 콘크리트 혼합

레미콘의 혼합과정에서 빙설이 혼입된 골재, 동결한 상태의 골재를 사용해서는 안 된다. 빙설이 혼합된 골재, 동결한 상태의 골재를 혼합에 사용할 경우 빙설이 녹아 콘크리트이 온도를 저하시키기도 하고, 단위수량을 변동시켜 슬럼프 변동이 크게 될 수 있으며, 경우에 따라서는 경화 콘크리트에 공동(빈 공간)이 될 수 있는 원인이 된다.

콘크리트 혼합에 가열한 재료를 이용할 경우 먼저 물과 골재를 넣어 비비고, 다음에 시멘트를 투입하도록 한다. 시멘트를 투입하기 직전에 골재 및 물의 온도는 40 ℃를 넘지 않도록 한다. 온도가 지나치게 높은 혼합물에 시멘트를 투입하게 되면 이상응결을 일으킬 위험성이 있고, 콘크리트의 워커빌리티를 불안정하게 할 수도 있기 때문이다.

(4) 콘크리트 비빔온도 및 운반 중 온도저하

한중 레미콘 생산 시 비빔온도 목표치는 건설공사현장에서 레미콘 배출 시[2)] 콘크리트의 온도가 5 ~ 20 ℃의 범위 안에 들도록 설정하여야 한다. 즉, 콘크리트 타설 당일의 기상조건, 운반시간 및 부리기까지의 대기시간 등을 고려하여 정한다. 이때, 골재의 온도가 0 ℃ 이상이라면 배합수를 60 ℃ 전후로 가열하는 것만으로도 목표로 하는 콘크리트의 온도가 얻어질 수 있으므로 온수를 이용하는 것으로 콘크리트를 균일하게 가열하고 온도관리를 할 수 있다. 그러나 골재의 온도가 0 ℃ 이하로 얼어있는 경우에는 골재를 가열하여야만 계획하는 콘크리트 온도가 얻어질 수 있으므로 골재 가열설비를 검토할 필요가 있다.

---

2) 콘크리트를 부재에 타설하는 시점

타설 시점의 콘크리트 온도는 콘크리트 표준시방서상 5 ~ 20 ℃로 되어 있지만, 일 최저기온이 -3 ℃ 이상인 경미한 동절기에 초기동해 대책이 고려된 경우, 콘크리트 온도가 0 ℃까지 냉각될 동안 적산온도가 초기양생에 필요한 값을 충분히 만족시킨 경우, 매스 콘크리트나 고강도 콘크리트와 같이 발생되는 수화열이 초기동해 발생 염려가 없는 경우는 5 ℃ 혹은 그 이하의 온도로 할 수도 있다. 그러나 단면두께가 얇은 토목구조물 및 건축구조물은 초기동해 방지를 위하여 10 ~ 20 ℃로 관리하는 것이 바람직하다.

또한 비빔 시 각 재료의 온도로부터 콘크리트의 온도가 몇 ℃가 될지에 대하여는 3장의 식 3.1로 계산한다.

콘크리트 운반 중 온도저하에 대하여 ACI「한중 콘크리트공사, 부록 2」에는 회전식 드럼믹서를 사용한 경우 운반시간 1시간에 예상되는 콘크리트의 온도저하는 타설 시 요구되는 콘크리트 온도와 주위 기온과의 차에 대하여 25 %로 하는 계산식을 나타내고 있다. 또한 RILEM의「한중 콘크리트 지침 부록 1」에는 비빔으로부터 타설 완료까지의 콘크리트 온도저하는 1시간당 콘크리트 온도와 주위 기온과의 차에 대하여 15 % 정도라고 가정하여 타설 완료 시의 콘크리트 온도를 계산하고 있다.

반면 일본 건축학회의「한중 콘크리트 시공지침·동해설」에서는 레디믹스트 콘크리트 공장으로부터 콘크리트 운반 중 1시간당 온도저하는 비빔 후 최초 30분 사이에서는 타설 시의 콘크리트 온도와 외기온과의 차의 30 %에 상당하는 온도, 그 후는 15 %에 상당하는 온도로 가정하고 있다. 이것을 수식으로 표현하면 다음 식 5.1, 5.2와 같다.

비빔 후 최초 30분간

$$T_1 = T_2 + 0.3(T_2 - T_0)t \tag{5.1}$$

비빔으로부터 30분 그 이후

$$T_1 = T_2 + 0.15(T_2 - T_0)(t + 0.5) \tag{5.2}$$

여기서 T_1: 콘크리트의 비빔온도 (℃)

T_2: 지정한 짐 부리기 시의 콘크리트 온도 (℃)

T_0: 주위의 기온 (℃)

t: 운반시간 (h)

또한, 일본 북해도에서 행한 조사에 의하면 운반시간이 11분부터 40분 정도의 범위 내 운반 중 온도저하는 식 5.3과 같은 것으로 알려지고 있다.

$$T_1 - T_2 = 0.34(T_2 - T_0)t \tag{5.3}$$

여기서 T_1: 콘크리트 비빔온도 (℃)

T_2: 짐 부리기 시점의 콘크리트 온도 (℃)

T_0: 주위의 기온 (℃)

t: 운반시간 (h)

그러나 일본의 경우는 에지테이터 트럭의 용량이 4.5m^{3}이고, 우리나라의 경우는 6m^{3}인 점을 감안하여 운반 중 온도저하를 고려할 필요가 있고, 또한 콘크리트 펌프를 이용하여 타설할 경우에는 펌프의 길이, 운전속도, 외기온 정도 등에 따라 실제 타설되는 콘크리트 온도가 더 낮아질 수 있다는 점도 고려할 필요가 있다.

5.4 타설 및 마무리

5.4.1 타설준비

콘크리트 타설에 앞서서 거푸집 설치 및 철근배근 등이 완료되어야 한다. 특히 거푸집을 설치하는 경우 보 및 슬래브는 지주인 동바리를 지반에 설치하는 경우가 있는데, 동결된 지반 혹은 동결할 염려가 있는 지반에 설치해서는 안 된다. 동결된 지반의 경우는 지반이 녹아 침하할 우려가 있고, 동결할 염려가 있는 경우에는 동결하면서 동결 팽창으로 들어 올림에 따른 변형이 발생할 수 있다. 또한, 지반 면에 타설하는 콘크리트의 경우에도 동결한 지반에 콘크리트를 타설해서는 안 된다. 즉, 동결한 지반에 콘크리트를 타설하면 지반 중 얼음이 녹아 침하를 일으키고, 콘크리트를 급속히 냉각시켜 상부 콘크리트의 초기동해를 촉진할 수 있다.

거푸집 설치 후 철근이 배근된 콘크리트 타설면 혹은 이어치기면 등에 눈이 쌓인 경우나 눈 녹음 등에 따른 얼음이 존재하는 경우에 가열된 콘크리트를 그대로 타설하면 빙설이 녹아 문제가 없을 것으로 오판하는 경우가 많이 있다. 그러나 눈과 얼음이 녹으면 부분적으로 물-시멘트비가 크게 되어 콘크리트의 압축강도, 철근과의 부착강도 등의 강도가 저하할 수 있고, 눈의 양이 많고 얼음 덩어리가 큰 경우는 충전불량 및 공동으로 남아 시공 결함으로 연결될 수 있다. 따라서 이런 경우는 버너나 토치램프로 녹일 수도 있지만 화재위험 등을 감안하면 온수나 증기로 녹인 후 물기를 제거하고 즉시 콘크리트를 부어넣는 것이 바람직하다.

또한, 가열양생을 계획한 경우에는 예상하는 양생온도가 발휘되는지 콘크리트 타설 1 ~ 2일 전에 시험가열을 실시하여 히터의 대수 및 용량을 재확인할 필요가 있고, 또한 콘크리트 타설 전부터 타설 공간을 가열하여 타설 주변의 구조체 온도 및 양생상옥 내 온도를 확보한 후 초기양생으로 이어지도록 한다.

5.4.2 콘크리트 타설

겨울철에 운반된 콘크리트를 펌프압송 후 거푸집에 부어넣고 바이브레이터로 다지는 일련의 타설 과정은 일반 환경의 콘크리트 시공과 다를 바 없다. 단, 특이한 점은 타설 과정 중 콘크리트가 급속히 냉각되므로 특별한 조치가 요구된다. 즉, 콘크리트로부터 물이 증발할 때 0 ℃에서 $2.495\times10^{6}\ J/kg$, 20 ℃에서 $2.453\times10^{6}\ J/kg$의 기화열을 빼앗기는 것으로 알려져 있다. 바람은 증발을 촉진하고, 콘크리트 표면의 열전도를 좋게 한다. 따라서 보온을 생각한다면 바람을 막는 것이 콘크리트 타설 직후의 양생으로 대단히 중요하다. 그러므로 콘크리트의 표면을 덮는 통기성 재료는 바람직하지 않고, 단열성과 어울려 통기성이 없는 시트와 같은 재료가 바람직하다.

또한, 눈과 바람의 영향이 큰 경우는 시공 구조물 위에 상옥을 설치하고 가열양생하는 것이 일반적이다. 상옥을 설치하지 않은 경우 콘크리트 타설 중 눈이 온다면 눈의 융해에 의한 온도저하 및 눈이 쌓인 경우 그 위에 콘크리트를 타설하는 경우는 충전불량 등 결함이 생길 수 있으므로 사전에 눈이 오지 않는 날로 타설계획을 변경하거나 불시에 눈이 내릴 때의 응급처치 계획 등의 수립이 필요하게 된다. 또한, 타설면 하부 콘크리트가 냉각되어 있는 경우에도 저온에 의해 이어치기 부분의 접합이 문제가 될 수 있으므로 이런 경우는 콘크리트 타설 전날부터 계속 가열하는 것이 바람직하다.

타설된 콘크리트가 보호 없이 표면이 장시간 노출되어 있으면 바람과 온도차의 영향으로 초기동해, 수화열 균열 등 각종 장애를 일으킬 수 있다. 특히 외기온이 -3℃ 이하로 낮은 경우는 그 영향이 크기 때문에 충분히 주의하여야 한다. 이 중 바람의 영향을 막기 위하여는 앞에서 설명한 단열성이 있으며 통기성이 작은 시트 등으로 양생할 필요가 있다. 한중 콘크리트 타설은 타 시기 콘크리트 타설과 다르게 저온, 협소한 공간, 두꺼운 옷 등으로 작업의 악조건이 겹쳐 있기 때문에 안전 및 위생 면으로도 특별한 조치가 필요하다.

5.4.3 표면 마무리

한중 콘크리트로 콘크리트 타설, 다짐 후 콘크리트 상부 표면은 소정의 위치와 표면 경사에 따라 정해진 정밀도 및 마감 상태가 얻어지도록 표면마무리 작업을 실시한다. 특히 이 경우 콘크리트의 침하, 재료분리, 블리딩 및 소성수축균열 등에 의한 결함은 콘크리트 응결이 종료되기 전에 탭핑 등으로 처리한다. 단, 겨울철 환경은 해가 짧아 빨리 어두워지고, 밤이 되면 기온이 급격히 낮아지므로 지나치게 표면 마감을 서두르는 경우도 있는데, 반드시 조명시설을 갖추고, 초결 이후부터 종결 이전의 시점에 프록타 관입 저항시험기 혹은 표면 경도를 측정할 수 있는 휴대용 듀로메타 등을 이용하여 응결시간을 확인한 다음 마감작업을 실시할 필요가 있다. 특히 아주 추운 경우 초기동해를 방지하기 위해 표면을 통기성이 없는 단열 시트로 덮여져 있는 경우에는 휘니셔 등 표면 마감작업을 할 때 잠시 벗겨두었다가 표면 마감 작업이 끝나면 다시 덮어주는 게 좋다.

표면마무리에 있어 기둥·벽 등 수평 이어치기 면의 상부에는 소정의 기울기와 거칠기로 하여 마무리 한다. 이어치기 면에 응결지연제를 이용하여 처리하는 경우에는 응결지연제의 종류 및 사용방법을 신뢰할 수 있는 자료 또는 시험을 통해 정하게 되는데, 특히 저온에 의해 평상시보다 응결시간이 유난히 길어질 수 있음에 유의하면서 공사감리자의 승인을 받고 실시하여야 한다.

거푸집 면에 접하는 표면의 마무리는 거푸집 제거 후 세퍼레이터(separator)의 처리 및 곰보, 공동, 콜드조인트(cold joint), 사선(sand streak) 표면 경화불량, 균열 등 결함을 보수하고 소정의 마감 상태가 되도록 처리한다. 특히 보수할 바탕 콘크리트 면이 얼어 있는 경우에 그 위에 덧바르기를 하게 되면 하자의 원인이 될 수 있으므로 반드시 바탕 면을 녹인 상태에서 보수해야 한다.

참고문헌

1) 한천구 (2008 ~ 2018). “레미콘 품질관리 (1 ~ 5)”, 기문당, 한국
2) 한민철, 한천구 (2002). “기온과콘크리트”, 기문당, 한국
3) 산업표준심의회 (2016). “KS F 4009 레디믹스트 콘크리트”, 한국표준협회, 한국
4) 국토교통부 (2016). “한중 콘크리트”, 국가건설기준 표준시방서, 한국
5) 윤기원 외 3인 (1996). “A Fundamental Study on the Freezing Temperature and the Variation of Quality by the Freezing of Admixture Agent for Concrete”, 제2회 일본·한국건축재료 Joint Symposium 논문집, pp.146-153
6) 日本建築学会 (2010). “寒中コンクリート施工指針·同解説”, 東京印刷, 日本

제6장

콘크리트 양생

6.1 일반사항

일반적으로 양생(curing)이란 콘크리트의 강도, 수밀성, 내구성 등 소요의 품질을 확보하기 위하여 시멘트의 수화반응을 원활히 진행시키기 위한 일련의 조치를 말한다. 즉 거푸집에 타설이 완료된 콘크리트가 균열이 발생하지 않고 충분한 강도, 수밀성 및 내구성을 발휘하기 위하여는 일정기간 동안 시멘트가 충분히 수화반응을 일으킬 수 있도록 적당한 온도하에서 충분한 습윤 상태로 유지하여야 하며 진동, 충격 등 유해한 작용의 영향을 받지 않도록 해주어야 한다.

한중 콘크리트의 양생에 있어 수분 유지, 충격 방지와 같은 기본은 일반 콘크리트와 동일하겠지만, 온도의 경우는 영하의 추운 날씨이므로 반드시 단열, 가열 등 보온과 관련한 특별한 조치가 필요하다. 한중 콘크리트의 온도관리와 관련하여 다음과 같이 구분해 볼 수 있다.

(1) 보온관련 시설물 범위 측면

1) 구조물 전체 - 양생상옥

2) 부재 및 부분 부위 - 단열양생, 부분가열양생 등

(2) 양생목적 및 시기적인 측면

1) 초기동해 방지 등 - 초기양생

2) 온도 충격에 의한 균열 방지 등 - 계속양생

(3) 보온양생의 방법적인 측면

1) 예상 최저기온 -3 ℃ 이상(경미한 동결기) - 피복양생

2) 예상 최저기온 -3 ℃ 이하(동결작용기) - 단열양생, 가열양생, 기타

6.2 양생계획

한중환경에서 콘크리트는 다양한 위험에 대응할 수 있도록 하여 타설하여야 한다. 콘크리트 타설 후에도 한중환경에서는 시멘트의 수화반응이 지연되어 콘크리트의 강도 발현속도가 늦어지게 되고, 양생 중 콘크리트의 공극수가 동결될 수 있다. 따라서 이러한 한중환경에서 별도의 양생계획을 수립하는 것이 매우 중요한 일이다.

초기 양생계획의 목표는 초기동해 방지 강도를 확보하는 것이다. 콘크리트의 소정 성능을 확보하기 위해 현장조건을 고려하여 양생의 종류와 방법을 고려하여 선정하여야 한다.

양생은 초기동해 방지를 위해 압축강도 5 MPa 확보를 위한 초기양생 방안, 양생 초기 온도 측정 및 요구 압축강도 확인 방안, 관리재령에서 설계기준강도, 내구성 및 수밀성 확보 방안을 고려하여 초기 및 계속양생계획을 수립하고, 작업자의 안전성, 기상조건, 입지조건, 구조물의 규모와 형태, 자재양중계획, 콘크리트의 품질 및 시방규정, 공사기간, 공사비, 시공의 간편성 및 재활용 등을 주요 검토 요인으로 하여야 한다.

6.3 양생상옥

6.3.1 설치계획

양생상옥은 한중 콘크리트 공사를 포함한 동절기 기간의 공사를 외부환경에 지장 없이 능률적으로 진행하거나 가열양생의 공간을 둘러싸기 위해 설치하는 것이다. 즉, 구조체 공사기간 중 눈이 예상되는 시기, 강풍이 예상되는 시기 또는 외기온이 낮은 시기에는 형틀 내로 눈의 침입 방지, 작업자 및 콘크리트에 대한 방풍효과뿐만 아니라 콘크리트의 초기동해 방지 및 구조체 콘크리트의 강도 발현을 계획한 대로 얻기 위하여 설비를 필요로 한다. 이와 같이 외부 비계 및 지붕틀 위로 단열 및 불투기성 재료로 덮어주는 일련의 양생시스템을 양생상옥이라고 한다. 양생상옥은 일 최저기온에 따라 아래의 2가지로 분류된다.

(1) 경미한 동결기

눈이 거의 없고, 일 최저기온 -3 ℃ 이상으로 초기동해 피해의 우려도 거의 없기 때문에 콘크리트 타설 후 비닐과 부직포 혹은 버블시트 등 시트류의 피복으로도 대처가 가능하다. 타설하는 부위에 따라서는 내한촉진제의 이용도 생각해 볼 수 있다.

또한, 양생상옥이 선행하여 설치되어 있는 경우라면 콘크리트 타설 후 무가열로 초기강도를 얻는 것이 가능한 경우도 있다. 그러나 이 시기에는 바람에 의해 표면온도가 일반적인 외기온보다 낮아질 수도 있기 때문에 기상예보에 주의하여 시공하여야 한다.

(2) 동결 작용기

일 최고기온이 -3 ℃ 이하가 되는 시기로 대책 없이 콘크리트를 타설할 경우에는 초기동해를 입을 수 있으므로 반드시 양생상옥을 설치하여야 한다.

양생상옥은 콘크리트 품질을 확보하기 위함 뿐 아니라 형틀이나 철근조립 등 작업원의 작업환경을 보호하기 위하여도 필요하다. 따라서 양생상옥 내의 온도는 작업원의 작업성을 고려하여 5 ℃를 표준으로 하지만, 양생상옥의 기밀성, 외기온, 경제성, 작업효율을 고려하여 계획한다. 이때 양생상옥은 벽에 해당하는 연직부재의 측면양생과 지붕에 해당하는 수평 혹은 경사 부재의 상부양생으로 구성된다. 양생상옥의 형식은 기상조건, 입지조건, 건설물의 구조종별, 공정조건, 대상부위(지하, 지상층 등)를 고려하여 선정한다. 특히 양생상옥은 가설설비이기 때문에 본체의 철골 등 가구재, 외부 비계 등 가설재를 가능한 한 이용하도록 한다.

6.3.2 양생상옥의 구조 및 재료

우리나라의 경우 양생상옥에 있어 먼저 힘을 받아 주는 골조의 경우로서 외벽은 갱폼, 파이프 비계, 틀조립 비계 등 외부 비계를 이용하고, 지붕은 파이프재, 로프 등을 이용한다. 여기에 외부에 설치하는 피복재는 방설, 방풍, 보온 등 상옥의 설치목적에 적합하도록 천막지(블루시트), 비닐 및 기타 시트류를 사용하고 있다.

그러나 외국의 사례로 일본 북해도 지역에서는 사진 6.1, 6.2와 같이 신축하고자 하는 건축물 외부에 양생상옥을 설치하고 그 내부에서 한중기간 중 몇 층의 공사를 진행하는 방법을 택한다. 이때 지붕구조는 거의 매일 내리는 눈에 대응하기 위해 표 6.1과 같은 플랫 패널, 조인트 패널, 콤비네이션 빔 등의 다양한 방식으로 시공하고 있다.

[표 6.1] 양생상옥 시스템

플랫 패널	조인트 패널	콤비네이션 빔

• 키스톤 플랫과 경량형강 패널 • 스팬: 6 ~ 15 m • 최대적설하중: 2,700 ~ 700 N/m²	• 플랫 패널의 접합 → 굽힘형 • 스팬: 16 ~ 30 m • 최대적설하중: 1400 ~ 650 N/m²	• 고강도 파이프를 이용한 트러스 • 스팬: 3 ~ 40 m • 적설대책: 자연 낙하하는 특수시트

반면 캐나다의 경우에 관한 일례는 사진 6.3 (a)와 같다. 즉, 벽은 단열재를 끼운 목재 거푸집으로 먼저 조립하고 가스버너가 장착된 테이블 폼을 사진 6.3 (b), (c)와 같이 설치하여 슬래브 거푸집 및 철근을 배근하고 사진 6.3 (d)와 같이 콘크리트 타설층 하부

만을 막고 콘크리트는 태양이 있는 오전 중에 타설을 완료한다. 상부는 노출 혹은 시트 단열 후 하부에서만 가열하는 방식으로 한중 시공을 진행한다.

[사진 6.1] 양생상옥 설치 모습

[사진 6.2] 양생상옥 내부

(a) 단열벽 거푸집　　(b) 가열용 가스버너

(c) 가스버너 장착 테이블폼　　(d) 한중 콘크리트 타설 및 양생

[사진 6.3] 캐나다 한중 콘크리트 관리

6.3.3 버블시트를 이용한 측면부의 단열보온양생공법

본 공법은 한중 콘크리트 시공 시 건축물 측면부의 가열보온용 양생막을 사용하는 공법으로 버블시트 표면에 보강재(메쉬타포린)를 추가하여 시트 자체의 인장성능을 높이고, 기존 버블시트의 장점인 단열성, 기밀성, 시공성 및 전용성을 확보함으로써 건축물 측면 수직 부분을 보온양생하는 방법이다. 본 공법 사용 시 표 6.2와 같은 기대효과를 예상할 수 있다.

이때 사진 6.4는 기존 천막지와 수직거푸집 양생용 버블시트를 시공한 모습이고, 바닥면적 408.86 m², 기적 1,063.04 m³로 시공 시 양생실 재료별 열손실량 및 가열설비대수 산정 결과는 표 6.3과 같이 나타났다. 수직거푸집용 버블시트를 사용한 경우 일반

천막지보다 열손실량이 약 47 % 낮은 것으로 나타났고, 가열설비도 9대 적은 것으로 나타나 전반적인 가열설비 절감률은 약 40 %로 확인되었다. 또한, 그림 6.1과 같이 실구조체 적용에 있어서 기존 천막지와 수직거푸집용 버블시트를 사용하였을 때 평균적으로 5 ℃ 높은 양생온도를 확보할 수 있음을 확인할 수 있다.

[표 6.2] 수직거푸집 양생용 버블시트의 효과

종류	수직거푸집용 버블시트
적용부위	한중 콘크리트 수직거푸집 측면
재료구성	메쉬타포린 + 1중 버블시트
효 과	• 초기동해 방지 및 초기강도 안정적 확보 • 단열성능으로 양생온도 확보 • 방음 효과로 공사소음 축소 • 시공성 우수 • 인장성능 개선으로 전용횟수 증가(방풍실험으로 검증) • 가설설비 최소화로 공기단축 • 원가절감으로 경제성 확보 • 반투명 재질로 채광성 확보

(a) 일반 천막지 사용 (b) 수직거푸집 양생용 버블시트 사용

[사진 6.4] 수직거푸집 양생용 버블시트 적용사진

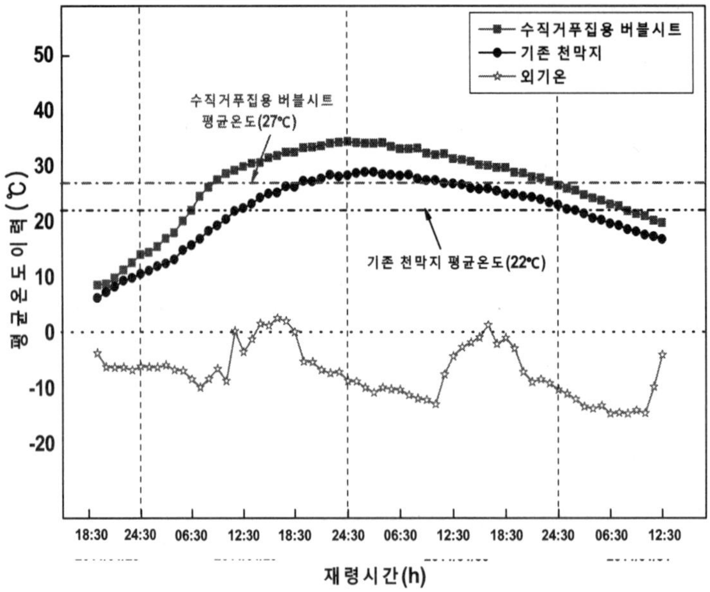

[그림 6.1] 수직거푸집 양생용 버블시트 및 기존 천막지 온도이력

[표 6.3] 양생실 재료별 열손실량 및 가열 설비대수 산정결과

양생실 재료	산정항목	산정방법	양생실 재료	산정항목	산정방법
기존 천막지	양생실의 전열에 의한 열손실량 (W/℃)	$Q_1 = \Sigma K_n \cdot\ S_n$ = 10 × 951.1 + 2.9 × 408.86 = 10,697	버블 시트	양생실의 전열에 의한 열손실량 (W/℃)	$Q_1 = \Sigma K_n \cdot\ S_n$ = 7 × 951.1 + 2.9 × 408.86 = 7,843
	환기회수 (회/h)	$N = Ns \times A \times B \times C \times D$ = 2 × 1.6 × 1 × 1.8 × 0.8 = 4.61		환기회수 (회/h)	$N = Ns \times A \times B \times C \times D$ = 2 × 1.6 × 0.5 × 1.8 × 0.7 = 2.02
	양생실 내의 환기에 의한 열손실량(W/℃)	$Q_2 = 0.35 \cdot N \cdot V$ = 0.35 × 4.61 × 3,486.21 = 5,626		양생실 내의 환기에 의한 열손실량(W/℃)	$Q_2 = 0.35 \cdot N \cdot V$ = 0.35 × 2.02 × 3,486.21 = 2,460
	양생실의 전열환기에 의한 열손실량 (kcal/h)	$Q = (Q_1 + Q_2) \cdot (T_i - T_{me})$ = (10,697 + 5,623) × [15 − (−5.1)] = 328,032 W/℃ = 282,056		양생실의 전열환기에 의한 열손실량 (kcal/h)	$Q = (Q_1 + Q_2) \cdot (T_i - T_{me})$ = (7,843 + 2,460) × [15 − (−5.1)] = 207,090 W/℃ = 178,056
	가열설비 소요대수 (대)	소요대수 = 총열손실량/가열기 1대당 발열량 282,056/10,000 = 28.20 → 29대		가열설비 소요대수 (대)	소요대수 = 총열손실량/가열기 1대당 발열량 178,056/10,000 = 17.81 → 18대

6.4 콘크리트의 보온양생

6.4.1 보온양생계획

보온양생은 시기적인 측면에 따라 초기양생과 계속양생이 있고, 공사기간 외기온도와 관련한 방법적인 측면에 따라 피복양생, 가열보온양생, 단열보온양생 또는 가열과 단열양생을 병행한 방법들이 있다.

가열보온양생은 적산온도를 활용하여 필요한 강도가 발생하는 값이 되도록 하며, 이를 위해 사전 현장 적용 실험을 통한 강도별 필요 적산온도 값을 산출한 후 적용한다.

보온양생을 실시할 경우 아래의 사항을 고려하여 선정한다.

1) 한중 콘크리트의 보온양생 방법 중 피복양생, 급열양생, 단열양생 및 이들을 복합한 방법 중 최적의 방법을 선택한다.
2) 급열양생을 실시하는 경우 가열설비의 수량 및 배치는 시험가열을 실시한 후 결정한다.
3) 콘크리트에 열을 가할 경우에는 콘크리트가 급격히 건조하거나 국부적으로 가열되지 않도록 하여야 한다.
4) 단열양생을 실시하는 경우 콘크리트가 계획된 양생온도를 유지하도록 관리하며 국부적으로 냉각되지 않도록 하여야 한다.
5) 보온양생 또는 급열양생을 끝마친 후에는 콘크리트의 온도를 급격히 저하시키지 않아야 한다.
6) 보온양생이 끝난 후에는 양생을 계속하여 관리재령에서 예상되는 하중에 필요한 강도를 얻을 수 있게 계속 양생관리하여야 한다.

6.4.2 초기보온양생

타설 후 콘크리트는 단열양생 또는 가열양생에 의한 초기양생을 실시한다. 압축강도 5.0 MPa가 발현될 때까지 동해를 입지 않아야 한다. 단, 경미한 동결기간(최저온도 -3 ℃)에는 피복양생으로 대신할 수도 있다.

초기양생방법을 계획하는 단계에서 초기양생기간의 평균기온을 가정한 경우는 한파에 의한 기온의 저하를 고려하여 다음 식 6.1에 따른다.

$$T_{me} = T_{sme} - 4 \tag{6.1}$$

여기서 T_{me}: 기온의 저하를 고려하여 보정한 초기양생기간의 평균기온 가정치 (℃)
T_{sme}: 초기양생기간 평균기온의 평년치 (℃)
단, 평년치는 기상청의 20 ~ 30년간 축척한 자료의 평균값을 사용함

한중 콘크리트공사의 타설로부터 초기양생 종료까지의 평균기온은 콘크리트 타설 전일까지의 기상예측 등을 고려하여 다음의 두 가지 중에 그 지역의 기상 특성을 고려하여 안전측으로 가정한다.

1) 초기양생기간에 한파가 우려되는 경우 또는 기온을 예상하는 것이 곤란한 경우는 식 6.1을 적용함
2) 초기양생기간에 한파의 우려가 없는 경우, T_{sme} 이상으로 경과하는 것이 명확하게 예상되는 경우

$$T_{me} = T_{sme} \tag{6.2}$$

특히 이 경우 사용하는 콘크리트에 대하여는 5.0 MPa의 압축강도가 예정한 초기양생기간 내에 얻어지는 것을 확인하여야 한다. 또한, 초기양생 종료 후에는 온도충격을 방지하기 위하여 콘크리트의 급격한 냉각을 피하여야 한다.

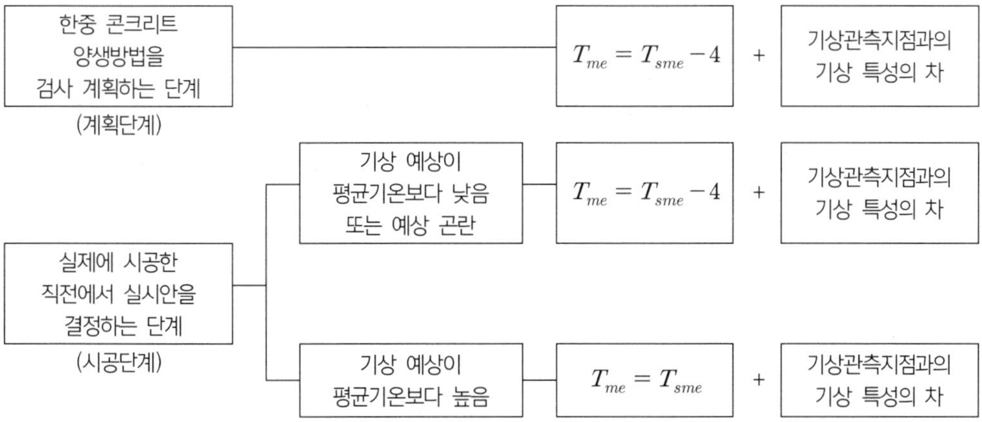

[그림 6.2] 초기양생기간의 평균기온의 가정방법

6.4.3 계속양생

계속양생은 초기동해를 방지하기 위한 초기양생 이후에 온도 충격에 의한 균열 방지 등의 목적으로 실시하는 것이다. 계속양생의 계획양생온도는 초기양생의 경우 온도보다 낮아도 좋다. 또한, 계속양생은 예정한 적산온도에 도달할 때까지 실시한다. 계속양생기간 동안 평균기온의 가정치는 식 6.2와 같다.

계속양생이 끝나면 역시 온도 충격에 의한 균열을 방지하기 위해 콘크리트의 급격한 냉각은 피한다. 즉, 콘크리트 온도와 외기온의 차가 큰 경우에는 콘크리트의 급격한 냉각으로 균열이 발생하기 쉬우므로 가열 중단, 거푸집 탈형, 양생상옥 철거 등의 작업을 동시에 행하지 말고 적당한 날짜 간격을 두고 실시한다. 콘크리트의 온도와 외기온의 온도차가 작아진 시점에 거푸집을 탈형하는 것이 좋다.

6.4.4 가열보온양생

(1) 가열보온양생의 종류

외기온이 0 ℃ 이하를 유지하는 경우에는 가열양생을 채택하는 것이 바람직하다. 가열방법에 따른 분류는 표 6.4와 같다.

[표 6.4] 가열보온양생 종류 및 효율

구분	공간 가열방법	표면 가열방법	내부 가열방법	병행 가열방법
종류	열풍기 고체연료 등	적외선 램프 전열선	전열선 열선판	공간, 표면, 내부 중 2가지 이상 적용
효율	0 ~ 60 %	50 ~ 70 %	70 ~ 90 %	90 ~ 100 %

가열보온양생을 실시할 때에는 다음 사항을 주의하여 실시하여야 한다.

1) 콘크리트 타설 전부터 가열을 실시한다.
2) 공간가열에서는 공간 및 피복의 틈새를 작게 한다.
3) 상부와 하부의 온도차가 발생할 수 있으므로 열풍이 순환되도록 조치를 취한다.
4) 구조체 하부가 저온이 되기 쉬우므로 이에 대한 보강을 고려한다.
5) 내부 가열방법은 사용 열선의 온도 및 단선에 대한 사항을 고려하여 대응책을 수립한다.
6) 병행 가열방법은 가열방법의 효율을 고려하여 적절히 계획하여 배치한다.
7) 가열보온양생 방법별 안전성 및 경제성을 고려하여 선정한다.

(2) 천막시트 보양 가열양생

현장에서 많이 사용되는 보온양생은 공간 가열방법이다. 건물 외부를 천막으로 감싸고 직접적인 열을 가하여 공간의 온도를 확보하는 방법으로, 현장적용 사진은 사진 6.5와 같다.

[사진 6.5] 천막시트 보양 가열양생 사진

외부를 타설층 포함 2개층 이상 천막으로 감싸고 내부에서는 열풍기와 갈탄 난로를 주로 하여 난방을 한다. 이와 같은 공간가열 보온양생의 경우 다음을 고려하여 시행하여야 한다.

1) 가열설비의 수량 및 배치는 시험 가열을 실시한 후 결정하여야 한다. 화재예방 계획을 수립하여 화재경계활동 강화 및 가스 중독 등 안전사고를 예방한다.
2) 초기양생은 압축강도가 5 MPa에 이를 때까지 구조물의 어느 부분도 0 ℃ 이하로 되지 않도록 관리한다.
3) 열풍기는 연소된 가스가 콘크리트 표면에 직접 접촉되지 않도록 하며, 안전사고에 유의한다. 열풍기 가동 시 콘크리트 표면이 건조로 인한 건조수축 위험이 있으므로 가습 또는 습윤 양생을 실시한다.
4) 양생포 및 보온재는 기온이 영상일 경우 보온만으로도 충분하며 콘크리트에 밀착되도록 설치한다. 구조물의 코너와 모서리 부분은 본체에서 가장 취약한 부분이므로 보온재는 통상 슬래브나 벽체의 보온재보다 3배 이상의 두께로 설치한다.
5) 가설천막은 천막 내부의 더워진 실내 공기를 가습하여 목표 상대습도를 유지한다. 일시적인 개방 시 콘크리트가 동결되지 않도록 외기의 실내 유입차단 장치를 설치한다. 일시적으로 보호가 없던 기간은 '콘크리트 표면의 강하온도 × 시간 × 2' 만큼 양생기간을 연장한다.
6) 양생방법은 초기동해에 대해 저항할 수 있는 강도를 얻고, 구조물의 소요강도를 발휘할 수 있을 때까지 실시한다.
7) 거푸집은 양생 후에도 충분한 강도 발현 시까지 남겨두거나 양생포 안의 온도차를 적게한 후 해체한다.
8) 동바리는 동상 및 동결융해에 의한 변위를 받지 않도록 주의하여 관리한다.
9) 방풍막이용 천막은 상부 적설하중을 고려하여 견고하게 설치하여야 한다.
10) 급열보온양생만으로 동결온도 이상 유지가 어려울 때 단열보온양생과 조합하여 계획을 수립한다.
11) 양생 중 압축강도 관리는 적산온도를 활용하여 산정한다.

이 방식은 공사현장에서 다수 적용 중인 익숙한 방법이나 안전성, 친환경성을 포함한 여러 문제점이 발생하여 대안공법의 개발 및 적용이 요구되는 실정이므로 적용 시 면밀한 검토가 필요한 공법이라 할 수 있다.

천막시트를 틈 없이 보양하는 데는 많은 노력과 비용이 소요되며, 천막시트 및 틈새에 의한 열손실이 많고 환기량이 대폭 증가하여 연료의 대량 사용이 우려된다. 또한 연료 대량 사용에 따라 저가의 갈탄을 사용할 경우 갈탄에서 발생하는 미세먼지 및 일산화탄소에 의한 중독사고 우려가 있다. 해마다 공사현장에서 갈탄가스 중독사고가 끊이지 않는 원인으로 다량의 연료 사용이 필요한 이 같은 공법 적용을 배제할 수 없다. 따라서 공사현장에서는 안전성과 환경성, 공사원가 등을 면밀히 검토하여 채택할 필요가 있다.

6.4.5 단열보온양생

단열보온양생은 콘크리트가 계획된 온도를 유지하면서 차가워지지 않도록 단열재 또는 단열재를 결합한 거푸집을 적용한다.

단열보온양생은 계획된 양생온도를 유지하여 압축강도를 관리하는 양생방법으로 적산온도를 활용하고 있다. 적산온도와 압축강도의 관계를 활용하여 일정 적산온도에 도달하면 이에 비례하여 압축강도가 증가하는 방식이다. 이러한 적산온도는 한중기 양생 및 압축강도 추정에 유효하게 사용되고 있다.

단열보온양생의 경우 콘크리트 타설 후 0℃ 이하로 될 때까지 초기양생에 필요한 강도를 얻는 데 요구되는 적산온도는 표 6.5와 같다.

[표 6.5] 목표 강도 요구 적산온도 (°D·D)

구분	목표강도	설계기준강도 (MPa)						
		21	24	27	30	33	36	40
보통 포틀랜드 시멘트	3.5 MPa	46	43	40	38	36	35	33
	5.0 MPa	59	54	50	47	44	42	39
조강 포틀랜드 시멘트	3.5 MPa	33	32	31	30	29	29	28
	5.0 MPa	39	37	35	34	33	32	31
고로슬래그 B종	3.5 MPa	74	67	61	56	51	48	45
	5.0 MPa	107	95	84	76	70	64	59
플라이애쉬 B종	3.5 MPa	53	50	45	44	41	40	38
	5.0 MPa	70	64	59	54	51	48	45

(1) 개요

1) 열손실계수가 작은 재료를 선택한다. 굳지 않는 콘크리트와 접하는 구간은 방수성을 가진 시트 등으로 보호층을 구성한다.
2) 바람이 불 경우 열손실계수의 증대를 고려한다.
3) 틈이 없도록 하기 위하여 접합부는 150 mm 이상 서로 겹치게 하는 것이 좋다.
4) 물-시멘트비, 시멘트 종류 등을 검사하여 부배합으로 하고, 타설온도도 규정값보다 높게 하여 적산온도를 크게 한다.
5) 우각부, 돌출부, 슬래브 등 차가워지기 쉬운 부분의 보온에 주의한다. 또한, 취약부의 온도를 측정하여 소요 적산온도 값이 확보되었는지 확인하며 부족할 경우 양생기간을 연장하거나 가열양생을 실시한다.

(2) 단열재 종류 및 특징

1) 발포성 폴리스티렌 시트
2) 발포성 우레탄
3) 발포성 비닐 담요
4) 광섬유 혹은 셀롤로오스 섬유

[표 6.6] 보온재료의 열손실계수

보온재료의 표면 형상	열손실계수			
	양생실내 (풍속 1m/s)		양생실외 (풍속 3m/s)	
	W/m²℃	kcal/m²℃	W/m²℃	kcal/m²℃
없음	17.4	15.0	29.1	25.0
합판거푸집 12 mm (습윤)	7.5	6.5	8.0	6.9
합판거푸집 12 mm (건조)	6.5	5.6	7.0	6.0
얇은 철판 3 mm	10.0	8.6	14.0	12.0
시트	6.0	5.2	7.0	6.0
양생매트 10 mm (피복)	4.5	3.9	5.0	4.3
양생매트 10 mm (거푸집 포함)	4.0	3.4	4.5	3.9
단열재 50 mm + 시트	1.5	1.3	2.0	1.7
단열재 100 mm	1.2	1.0	1.5	1.3
지반	2.9	2.5	2.9	2.5

(3) 단열갱폼을 활용한 보온양생공법

최근 건설현장에 확산되는 콘크리트 양생 기술로써 갱폼 거푸집에 단열재를 일체화하여 단열거푸집으로 제작하고, 이를 건축물 외부거푸집으로 사용하여 동하절기 및 한랭기 콘크리트 양생에 영향을 주는 외기를 적절히 차단하고 양생 수화열을 보존하여 콘크리트 양생에 활용코자 하는 공법이다.

[사진 6.6] 단열갱폼 제작

이 공법을 적용할 경우 외부천막은 설치하지 않으며 창호 및 개구부는 별도의 막기 작업을 하여야 한다. 단 슬래브 보온용 천막은 타설공간으로 개폐 가능하도록 설치하여야 하며, 슬라브 천막 대안으로 버블시트 보양을 실시하기도 한다. 사진 6.7은 단열갱폼 동절기 보양과 창호 및 개구부 보양 적용 사진이며 그림 6.3은 개념도이다.

[사진 6.7] 단열갱폼 동절기 보양 및 창호 보양

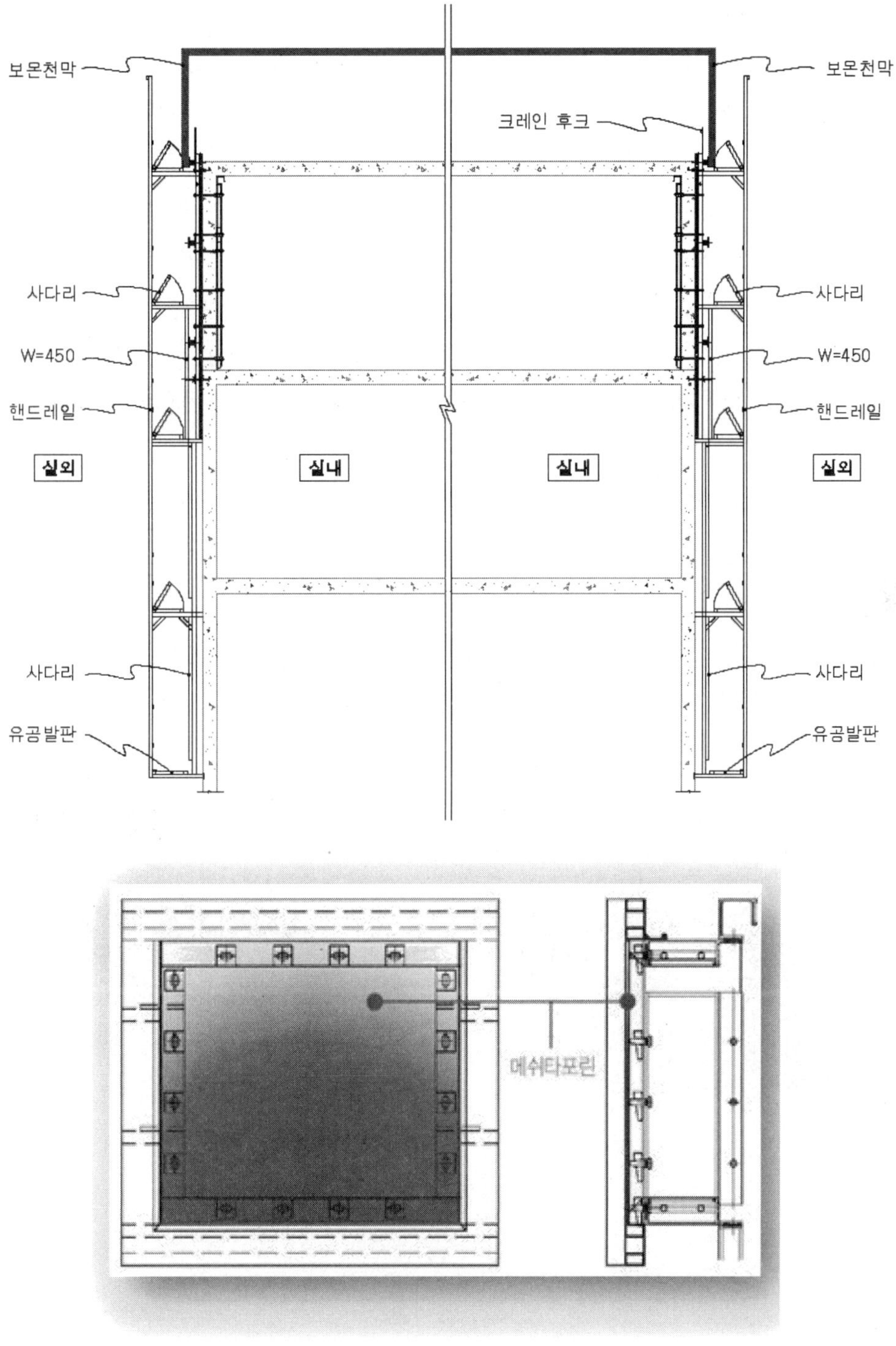

[그림 6.3] 단열갱폼 동절기 보양 및 창호 보양

그림 6.4는 최근 시도 중인 단열갱폼 외벽과 버블시트 슬래브 보양 조합이다.

일반갱폼에 천막시트 보양을 한 경우는 외벽 외측을 갱폼 발판을 포함하여 천막 보양을 하고 슬래브 부분도 비계파이프 등을 이용하여 천막 보양을 하는 반면, 단열갱폼 버블시트 조합의 경우는 외벽에 단열갱폼을 설치하고 슬래브 부분은 버블시트 보양을 한다.

이러한 보양 기술의 변화는 현장 시공의 복잡성을 제작 공장에 부담시킴으로써 현장 시공의 단순화를 도모할 수 있으며, 상대적으로 천막 보양에 비하여 에너지를 감소시키고 이로 인하여 안전한 시공을 선택할 여지를 갖는 장점이 있다.

또한, 초고층 공사 시 2회 이상 동절기 공사를 수행할 경우에도 단열갱폼을 계속 전용 사용할 수 있는 장점이 있다. 사진 6.8은 초고층 ACS 현장에 적용된 단열갱폼 적용 사진이다.

단열갱폼 보온공법은 현장 적용 시 보양에 관한 사항, 사용 에너지량에 관한 사항, 콘크리트 타설 및 양생관리에 관한 사항 등 일련의 별도 시방을 가지고 있으므로 이를 준수하여야 한다.

사진 6.9는 단열갱폼 적용현장의 실시간 콘크리트 양생관리 사진으로 무선계측기를 설치하여 적산온도 온도이력 강도 등을 모니터링할 수 있다.

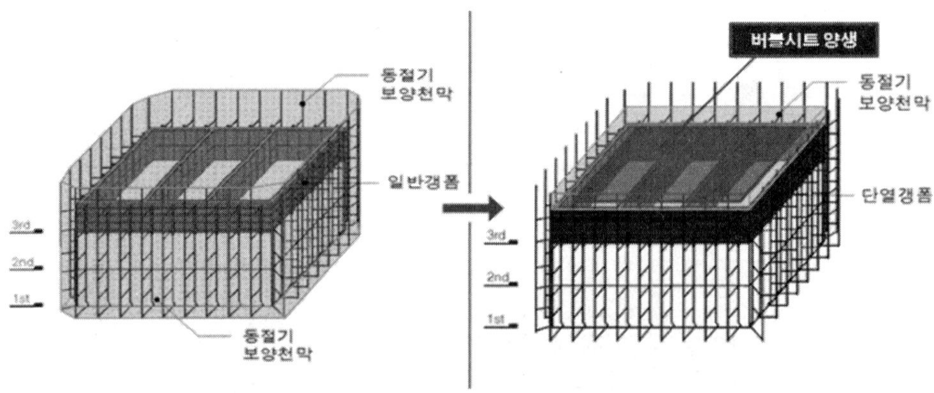

[그림 6.4] 일반갱폼 보양과 단열갱폼 버블시트 조합 보양 개념도

[사진 6.8] 초고층 ACS 현장 단열갱폼 적용 사진

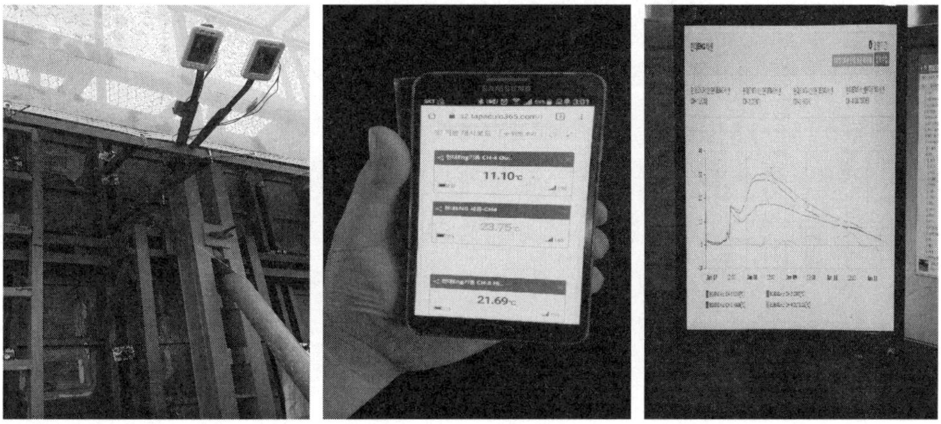

[사진 6.9] 단열갱폼 보양 시 콘크리트 양생관리 사진

6.4.6 피복양생

(1) 개요

콘크리트 구조물중 외부에 노출되는 부재 중에서 특히 슬래브인 경우에는 두께도 얇고 표면노출이 크기 때문에 외기온이나 바람의 영향을 받기 쉽다. 따라서 예기치 않은 급격한 기온저하나 바람에 의한 콘크리트 표면의 온도저하를 방지하기 위해서는 콘크리트 노출 면을 시트, 양생매트 또는 가열능력을 갖는 온열시트 등으로 피복할 필요가 있다.

콘크리트 표면을 시트 또는 양생매트로 덮을 경우에는 사람이 올라가도 발자국이 남지 않을 정도의 강도가 발휘된 후에 행하도록 한다. 또한, 시트류는 바람에 날리기도 하고, 시트 겹침부는 바람에 열리기도 하기 때문에 고정물로 서로 잡아주거나 적당한 중량물로 시트를 눌러주어야 한다. 온열시트는 어느 정도 무게가 있기 때문에 바람이 약할 때에는 서로 묶어주기만 하여도 좋은 경우가 있다.

특히 피복양생의 경우는 예상 최저기온이 -3 ℃ 이상되는 경미한 동결기에 적용하는 것이 일반적이지만, 이하에는 우리나라에서 개발된 피복양생 및 단열양생의 역할을 할 수 있는 버블시트에 대하여 집중적으로 소개하고자 한다.

(2) 버블시트를 이용한 단열보온양생공법

본 기술은 일 최저기온 -5 ℃ 이상의 한중 콘크리트 양생 시 버블시트로 콘크리트 표면을 피복하여 초기동해를 방지하고, 소요재령에서 압축강도를 확보하는 단열보온양생공법이다. 또한, 한중 콘크리트 공사기간 중 두께 800 mm 이상인 기초매트 매스콘크리트 시공 시 버블시트로 콘크리트 표면을 피복하면 상부표면부 온도가 상승하여, 초기동해 방지는 물론, 중심부와 표면부 간의 온도차를 축소시켜 수화열 균열도 방지할 수 있는 공법이다.

1) 일반사항

본 기술은 일평균기온이 4 ℃ 이하인 한중 콘크리트 기간에 타설되는 콘크리트의 초기동해 방지와 기초매트 매스콘크리트의 중심부와 표면부 간의 온도차에 의한 온도응력 균열을 제어하기 위하여 버블시트를 이용하는 단열보온양생 방법에 대한 개략적인 사항을 소개한다. 특히, 한중 콘크리트에서 버블시트를 단열보온양생공법으로 적용하기 위하여 사전에 용도에 맞춰 콘크리트의 재료, 배합, 부어넣기, 콘크리트의 온도관리 및 양생 등 품질관리 방법에 대하여 충분히 시공계획서를 작성하여 담당원의 승인을 받는다.

한중 콘크리트의 단열보온양생에 사용되는 버블시트는 공기포 사이즈 및 열전도율에 관한 물리적 성능을 검토하여 단열성능을 확인한 후 책임 감리원의 승인을 받아 관련 시공지침 등에 준하여 사용한다. 한중 콘크리트 적용기간 중 일 최저기온 -5 ℃ 이상의 온도조건에서는 버블시트를 이용한 단열보온양생공법으로 콘크리트의 양생온도를 확보하고, 일 최저기온 -5 ℃ 미만의 온도조건에서는 버블시트에 의한 단열보온양생과 가열보온양생을 복합 적용하여 예상치 못한 저온에 대비함으로써 콘크리트의 양생온도를 확보한다.

버블시트를 이용한 단열보온양생공법을 실시할 때에는 구조체 두께가 200 mm 이상에서 적용하는 것을 원칙으로 하되 200 mm 이하에서 적용 시 구조체 자체에서 발생하는 수화열이 적으므로 외기온도 조건을 고려하여 단열보온양생과 가열보온양생을 복합 적용하여 콘크리트 양생온도를 확보한다. 또한, 버블시트를 이용한 단열보온양생공법은 기본적으로 콘크리트 표면에 장애물이 적은 라멘구조 등에 양호한 방법이지만, 장애물이 많은 벽식구조에는 설계도면을 참조하여 공장에서 별도로 제작한 것을 이용하면 편리할 수 있다. 단, 벽철근을 완전히 감싸 포설하거나, 버블시트와 버블시트를 실링(접합)처리하여 일체로 포설하는 경우도 좋은 방법이 될 수 있다.

2) 버블시트의 원리 및 특징

① 버블시트의 원리

본 기술에 사용되는 버블시트의 원리는 시멘트 자체에서 발생되는 수화열을 그림 6.5와 같은 다중에어캡 구조인 버블시트로 그림 6.6과 같이 시공함으로써 열의 유출손실을 방지하는 단열보온양생공법이다. 즉, 독립기포층으로 구성된 버블시트를 사용하여 열전도율을 최소화시켰고, 버블시트와 콘크리트를 기밀하게 부착시켜 덮어 주므로 열대류 현상을 축소하는 것이다. 이와 같은 열손실 및 열이동 방지 원리를 이용하여 버블시트를 매스 콘크리트에 적용 시 표면부 온도를 단열보온 유지함으로써 중심부와 표면부 간의 온도차이를 줄여 수화열로 인한 균열을 방지할 수 있다. 더불어 소성수축 및 건조수축 균열도 억제할 수 있다.

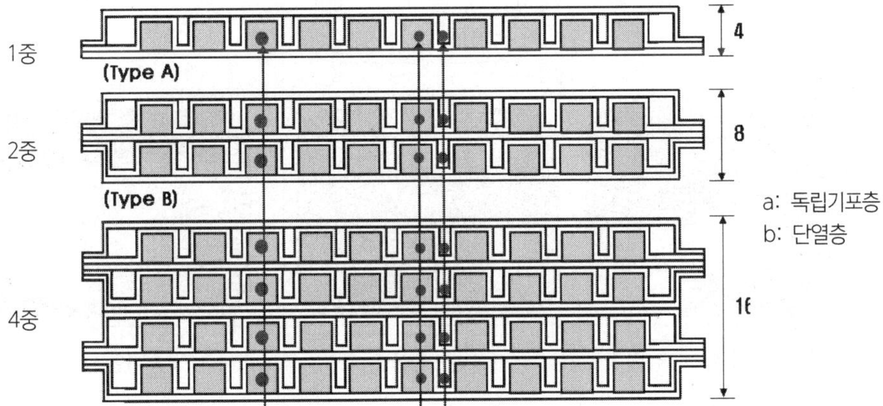

[그림 6.5] 버블시트의 단면도

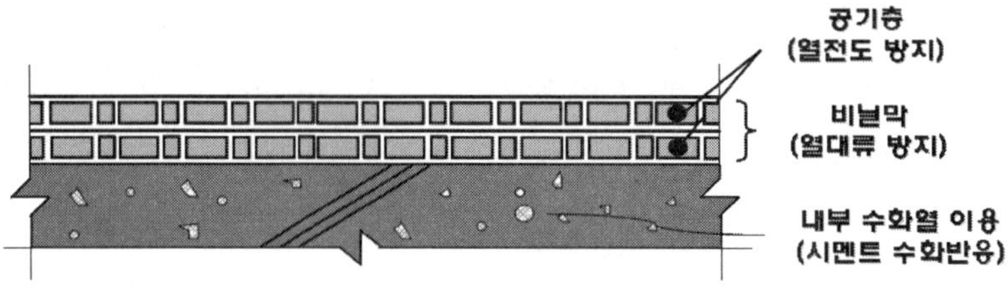

[그림 6.6] 버블시트를 이용한 단열보온양생공법의 열손실 및 이동 방지 원리

② 기술의 주요 특징

버블시트를 이용한 단열보온양생공법의 주요 특징은 표 6.7과 같다.

일반 기술인 단열(비닐 + 부직포) 및 가열(양생상옥설치)보온양생과 다중에어캡 구조를 가지고 있는 버블시트 양생을 비교하였는데, 시공성, 경제성, 친환경성 등에서 버블시트 양생이 매우 우수하였다.

[표 6.7] 버블시트의 주요 특징

구분	일반 기술		버블시트에 의한 단열양생공법
	단열(비닐 + 부직포)	가열(양생상옥)	다중에어캡 구조(버블시트)
개요도	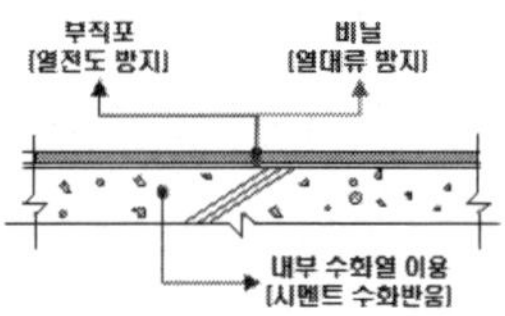	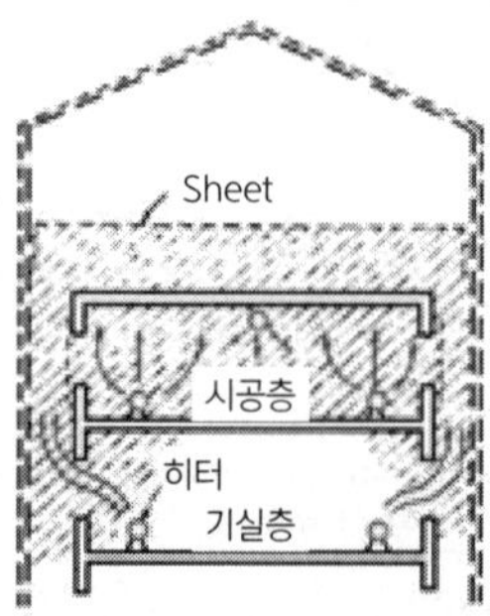	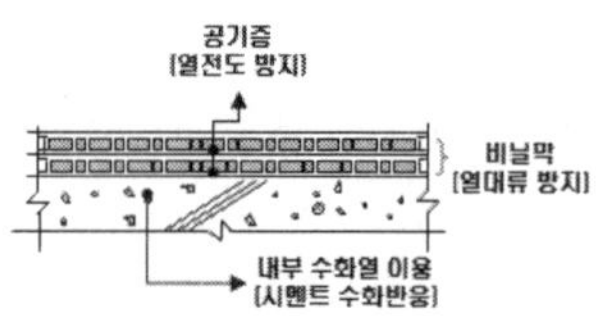
공법 전경			
사용 재료	PE필름, 부직포, 천막지	갈탄, 열풍기	2중버블시트
특징	• 전용횟수 1회 사용 • CO_2 다량 배출, 비경제적 • 초기동해 등 품질저하, 기술낙후		• 전용횟수 5회 이상 사용 • CO_2 배출 축소, 공사비 절감 • 품질 향상으로 선진기술

3) 시공절차 및 방법

한중 콘크리트 양생 시 콘크리트 양생용 버블시트를 이용한 단열보온양생공법의 시공절차 및 방법은 표 6.8과 같다.

[표 6.8] 시공절차 및 방법

공정 1 (공법 설명 및 수화열 해석)	공정 2 (자재 반입 및 인양)	공정 3 (온도 이력 측정)

• 공법 설명(적용 여부 결정) • 현장여건 검토(콘크리트의 타설온도와 높이 및 외기온 등) • 수화열 해석	• 자재 반입 및 검수 실시 • 자재 인양: 자재의 손실이 없도록 함	• 콘크리트 타설 전 데이터 로그 설치(온도 이력 측정)
공정 4 (콘크리트 타설 및 양생)	공정 5 (콘크리트 양생온도 이력 검토)	공정 6 (버블시트 해체 및 정리)
	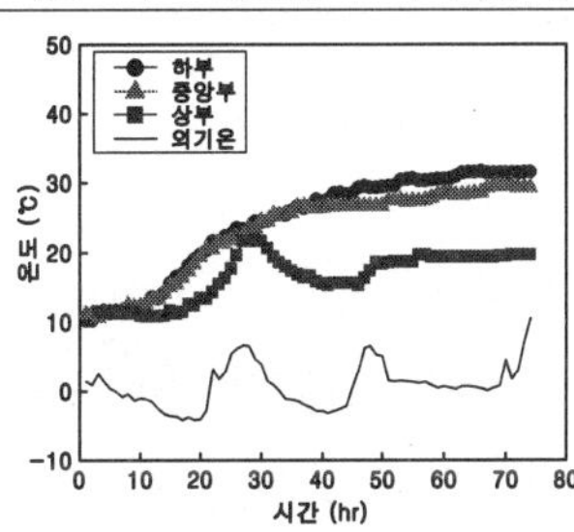	
• 콘크리트 타설 후 마감작업 • 표면 마감작업 동시에 버블시트 포설 후 양생	• 온도 이력 검토(약 3 ~ 4일) (외기온, 콘크리트 양생온도, 중심과 표면 간의 온도차 등)	• 양생 완료 후 버블시트 해체 및 정리 보관

① 버블시트 포설

ⓐ 버블시트 포설 순서는 구조물의 형상을 고려하여 순차적으로 포설한다.

ⓑ 버블시트 포설 전에 콘크리트 표면 마감작업을 실시한다.

ⓒ 외기온도 최저 -5 ℃ 이상의 조건에서 콘크리트 타설작업이 끝났을 때, 최소 6 시간 이내에 버블시트를 포설한다.

ⓓ 버블시트 포설은 콘크리트 상부 표면 마감작업 직후 실시하고, 콘크리트 상부 표면 위에서 끌거나 접히지 않도록 한다.

ⓔ 버블시트 포설 후 바람에 날릴 것이 우려되는 경우에는 연결구조가 구비된 콘크리트용 버블시트, 벨크로테이프 또는 D-10 mm 이상 철근 및 기타 중량물을 이용하여 고정시킨다.

ⓕ 버블시트 포설 시 가능한 한 버블시트와 버블시트를 50 mm 이상 겹쳐 포설하는 것을 원칙으로 한다. 단, 현장 특수사항으로써 초속 15 m/s 이상의 강풍 조건일 경우나 6 mm/h 이상의 강우 또는 강설이 예상될 경우에는 콘크리트 타설 작업을 중지하는 것으로 한다.

ⓖ 기둥 및 벽 철근 아랫부분의 포설은 직사각형으로 제작된 기둥 및 벽용 버블시트 커버를 이용하여 포설한다.

ⓗ 기둥 및 벽용 버블시트 커버는 콘크리트 타설 전에 미리 제작, 설치하되 바닥에 끌리지 않도록 끈으로 고정시켜 콘크리트 타설 시 불편함이 없도록 한다. 타설이 완료된 후 고정된 끈을 풀어 포설작업을 완료한다.

② 양생

ⓐ 한중 콘크리트 양생 시 콘크리트가 초기 동해를 입지 않도록 하며, 매스 콘크리트 양생 시 중심부와 표면부 간의 온도차에 의한 수화열 균열이 발생하지 않도록 초기 양생계획을 하고, 또한 소정의 재령에서 설계기준강도가 얻어지도록 콘크리트의 양생온도와 기간을 정한다.

ⓑ 초기양생은 아래 ⅰ)~ⅲ)에 따른다.

ⅰ) 콘크리트 타설 후 압축강도가 5 MPa이 될 동안에는 버블시트를 이용한 단열보온양생을 실시하고, 타설한 콘크리트는 모든 부분에서 5 ℃ 이상으로 유지시켜 초기양생을 실시한다.

ⅱ) 초기양생은 온도 기록을 참조하여 압축강도 5 MPa 이상이 얻어진 것을 확인하고 담당원의 승인을 받아 중지한다.

iii) 매스 콘크리트의 경우 초기양생은 단열보온양생에 준하여 부어넣을 때의 콘크리트 온도, 시멘트의 종류, 시멘트량, 혼화제의 종류 및 부재의 주변 온도 등에 따라 콘크리트의 중심부 온도가 과도하게 높아지지 않도록 하고, 또한 부재 중의 온도차가 크지 않도록 계획한다.

ⓒ 버블시트 포설 후 경화에 필요한 온도와 습도조건을 유지하도록 하고, 진동 및 충격 등의 유해한 작용에 의한 영향을 받지 않도록 한다.

ⓓ 버블시트는 초기동해 및 온도차에 의한 온도균열을 충분히 방지할 때까지 제거하지 않는다.

ⓔ 부어넣기 후 경화할 때까지 계획된 양생온도를 유지하고, 국부적으로 냉각되지 않도록 한다.

ⓕ 양생기간 동안은 콘크리트 온도, 보온되어진 공간의 온도 및 기온을 자기 기록 온도계로 기록한다.

ⓖ 매스콘크리트 양생 시 내부온도가 최고온도에 달한 후에는 보온하여 중심부와 표면부의 온도차가 크지 않도록 하고, 또한 중심부의 온도강하 속도가 크지 않도록 한다.

③ 온도 이력 측정 시험

ⓐ 온도 이력 측정의 시작 시점은 최초 콘크리트 타설 시점으로 한다.

ⓑ 온도 이력 측정 지점은 최소 3개소 이상 측정(중심부, 표면부, 외기온도)한다.

ⓒ 온도 이력 측정 간격은 최소 1시간에 1회 이내로 측정한다.

ⓓ 한중 콘크리트의 온도 이력 측정은 초기동해를 방지할 수 있는 5 MPa 이상 확보하는 것으로 한다. 즉 적산온도 M 추정식을 통해 45°D·D 이상 확보한 것을 확인한다. 콘크리트가 동결할 위험성이 적은 경우에는 그 주위의 기온만을 기록한다.

ⓔ 기초매트 매스 콘크리트의 온도 이력 측정 완료 시점은 아래 3가지 사항을 만족하도록 한다.

i) 콘크리트 중심부의 온도가 최고점에 도달

ii) 콘크리트 중심부와 표면 간의 온도차가 25 ℃ 이하로 하강

iii) 콘크리트 타설 후 72시간 이상

④ 버블시트 보관 및 처리

ⓐ 버블시트의 보관은 표면부의 이물질을 제거한 후 롤로 말아서 보관하는 것으로 한다. 2주 이하의 단기간 보관 시에는 현장 작업공간에 지장이 없는 곳에 비치하고, 2주 이상 장기간 보관 시에는 눈·비에 의해 얼음 및 물이 버블시트에 남아 있지 않도록 비닐 및 천막으로 덮어 보관한다.

ⓑ 버블시트는 재활용이 가능한 PE재질로써 폐기물 처리는 폐기합성수지로 구분하여, PE재질 전문 수거업체(재활용업체) 또는 버블시트 주문업체에 연락하여 폐기 처리하는 것으로 한다.

⑤ 버블시트의 유지관리

ⓐ 버블시트는 전용횟수 5회 정도 재사용이 가능하므로 정리 및 보관에 철저를 기한다.

ⓑ 버블시트에 의한 단열보온양생공법이 모두 종료된 경우에는 전량 재활용이 가능하므로, 버블시트 주문업체 및 재활용 업체에 연락하여 회수하도록 한다.

ⓒ 버블시트의 유지관리 품질 시험은 표 6.9와 같이 수행하여야 한다.

[표 6.9] 버블시트의 유지관리 품질시험

구분		시험항목	조치사항
사용횟수 (Lot)	시험 방법		
사용횟수 3회 시 마다	육안 시험	버블시트 표면에 묻은 이물질(시멘트 페이스트)을 제거한 후 육안상 확인하였을 때 버블시트 표면에 이물질이 면적 대비 10% 이상 남았을 때	교체사용
		버블시트 표면에 묻은 이물질(시멘트 페이스트)을 제거한 후 육안상 확인하였을 때 버블시트 표면에 이물질이 면적 대비 10% 이하 남았을 때	재사용
	질량 시험	이물질을 제거한 버블시트 질량이 사용 전 버블시트와 질량 비교 시 20% 이상일 때	교체사용
		이물질을 제거한 버블시트 질량이 사용 전 버블시트와 질량 비교 시 20% 이하일 때	재사용
수시	육안 시험	버블시트가 찢기거나 훼손이 발생하였지만 보수가 가능할 때	재사용
		버블시트가 찢기거나 훼손이 발생하여 보수가 불가능할 때	교체사용
		버블시트의 에어시트와 마감시트 사이의 접착부위가 떨어졌을 때	교체사용

6.5 양생관리

6.5.1 양생온도의 관리

일반적으로 양생관리는 구조체 콘크리트의 온도가 계획된 양생온도를 유지하도록 진행하는 것이다. 따라서 양생온도 관리는 원칙적으로 콘크리트의 온도를 계측하는 것인데, 이것을 사진 6.10과 같은 자기 기록 온도계 등을 사용하여 연속적으로 측정하고, 그 결과를 보존한다.

콘크리트 온도의 계측 위치는 고온과 저온이 예상되는 부위 및 구조부재의 온도를 대표할 수 있는 위치 등 측정 목적에 따라 선정한다. 단, 콘크리트의 동결 위험성이 작은 경우 및 간이적인 콘크리트에 대하여는 그 주변의 온도를 관리의 대상으로 하고, 콘크리트의 온도측정을 생략할 수 있다.

또한, 콘크리트 또는 주위의 온도가 계획과 크게 다른 경우에는 계획한 양생온도가 되도록 가열설비 조작, 차폐판 조정, 가열 공기의 풍량 분산 및 풍향 조정 등의 조치를 취하여야 한다. 특히 거푸집 탈형이나 양생 중단을 할 경우에는 콘크리트의 표면온도가 급격히 저하하지 않도록 주의한다. 양생상옥 내의 온도 변화를 작게 하기 위하여는 양생상옥 내에 냉기류(cold draft)가 생기지 않도록 한다.

양생기간 중에는 온도측정의 기록을 점검하고, 양생이 부족 없이 진행되고 있는지를 확인한다. 양생온도의 관리는 구조체 콘크리트의 강도가 설계기준강도 혹은 품질기준강도(설계기준강도와 내구성기준강도 중에서 큰 값) 이상임을 확인할 때까지 실시한다.

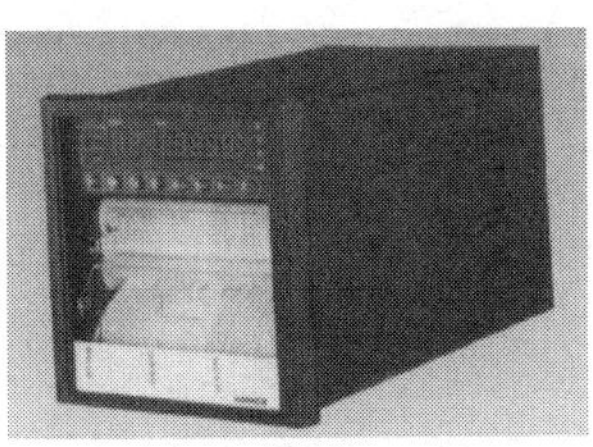

(a) 자기 기록 온도계의 예

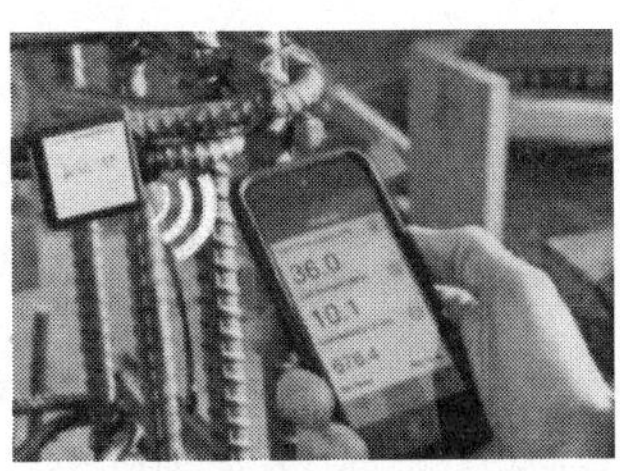

(b) 방수 무선센서의 예

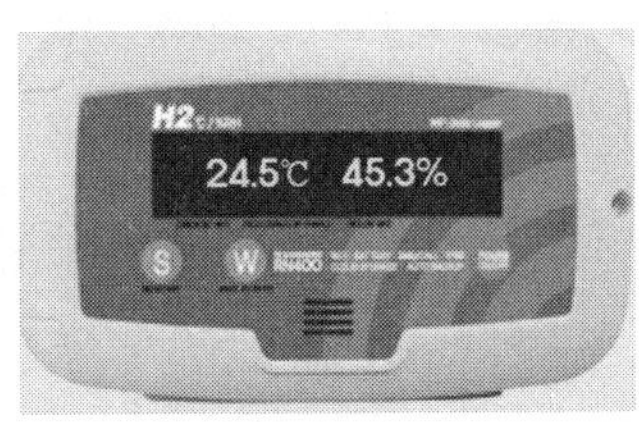

(c) 무선계측기의 예

[사진 6.10] 콘크리트 온도계측 기기

6.5.2 양생 중 습도 관리

보온양생 중에는 콘크리트가 건조되지 않도록 주의하는데, 건조의 우려가 있는 경우에는 살수 등을 통해 보습에 노력한다. 가열양생 중에는 공기의 상대습도가 저하되며 상부가 고온이 되고 상부 슬래브 면의 콘크리트가 건조되기 쉽다. 이러한 경우는 슬래브 면에 기밀성이 있는 시트 등을 포설하여 건조를 방지한다.

6.5.3 양생의 중단

(1) 초기양생의 중단

초기양생기간 중에는 콘크리트를 얼지 않도록, 특히 관리를 엄하게 하는 것이 필요하다. 더욱이 초기양생을 중단할 때에는 계획한 대로 양생이 행하여져 구조체 콘크리트의 압축강도가 5.0 MPa 이상에 달하고 있는지를 확인해야 한다. 그러나 구조체 콘크리트 전체의 강도를 아는 것은 매우 어렵다. 양생온도의 불균일에 의해 콘크리트의 강도 발현에 편차가 있기도 하기 때문에 양생조건이 좋은 부분의 콘크리트 강도 결과만으로 전체를 평가해서는 안된다. 이에 따라 강도 평가에 있어서는 안전을 고려하여 계측한 온도 중에서도 가장 낮은 부분에 대한 적산온도로부터 강도를 추정하고, 또한 구조체 콘크리트의 압축강도 시험방법에 의해 강도치를 구한 다음, 필요한 강도에 도달한 것을 확인하고 초기양생을 중단한다.

(2) 계속양생의 중단

계속양생은 계획한 재령에 설계기준강도 혹은 품질기준강도를 얻기 위하여 행하는 것이다. 그렇기 때문에 계속양생의 중단에 있어서는 구조체 콘크리트가 설계기준강도 또는 품질기준강도를 확보한 것, 또는 공사를 계속적으로 행할 경우 등에서는 계획한 재령에서 설계기준강도 혹은 품질기준강도가 확보된 것을 추정한 다음 중단한다. 구조체 콘크리트의 강도 추정은 양생온도 관리 기록 및 중단 후로부터 소정의 재령에 도달할 때까지의 기간 중 구조체 콘크리트의 온도 이력을 예측한 다음 적산온도 방식을 이용하여 행한다.

한중 콘크리트에는 저온에 의한 강도증진의 지연이 공사 진행의 지연이나 시공 하중에 의한 균열 등의 불량 발생을 초래한다. 공사의 진행에 따라 강도 관리가 필요하며, 그중에서도 강도 추정의 근거가 되는 적산온도의 관리는 특히 중요하다. 계속양생을 중단한 후 적산온도의 추정은 기상 데이터 및 공사현장의 상황을 판단해서 행한다.

6.5.4 구조체 콘크리트의 강도 확인

계획된 재령에서 콘크리트의 강도가 요구강도 이상을 확보하였는지 확인한다. 또한, 구조체 콘크리트 강도가 계획된 재령에서 요구강도에 도달하지 않는 경우에는 요구강도가 확보되도록 양생계획을 수정한다. 종합적으로 본장에서 나타낸 표준적인 양생관리를 도식화하면 그림 6.7과 같다.

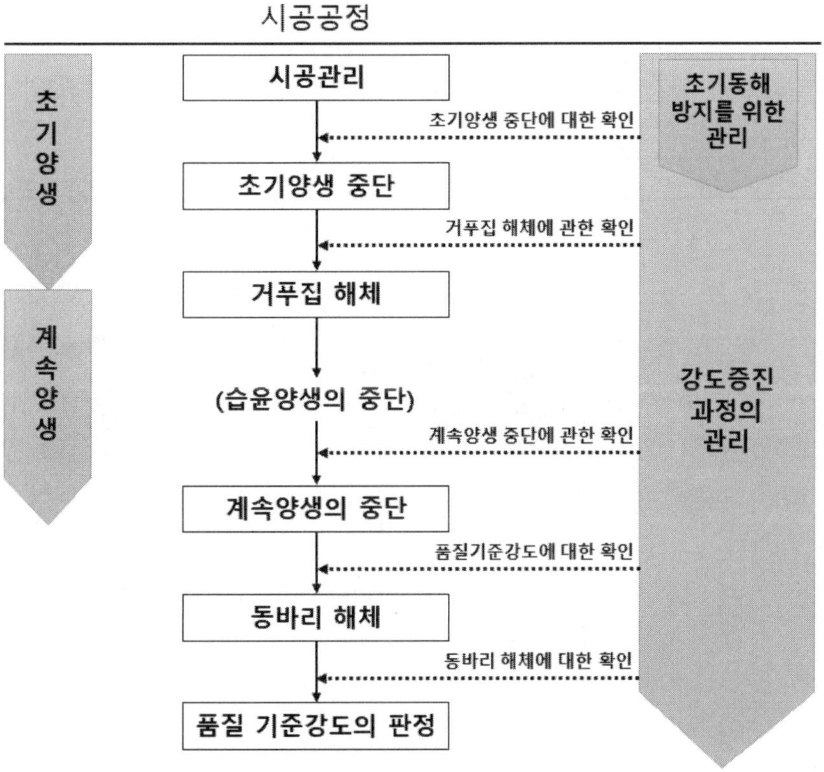

[그림 6.7] 표준적인 양생관리

6.5.5 온도계측 실사례

(1) 무선계측

무선계측에서는 무선센서 및 정보 전달망이 중요한 요소이다. 그림 6.8은 무선계측 시스템의 개념도인데, 최근 이러한 기술은 진보하여 누구나 쉽게 설치하여 활용할 수 있다.

표 6.10은 국내 통신 서비스망의 현황이고, 그림 6.9는 건설현장에 적용되는 온도계측의 사용 사례를 나타낸 것이다. 무선공유기를 통하여 A, B, C, D 4개 동의 온도계측과 자료 수집, 데이터 정리 및 저장 등의 작업의 번거로움을 무선계측이라는 시스템이 해결해 주고 있으며, 현재 건설현장에서의 활용이 증대되고 있는 추세이다.

[표 6.10] 국내 통신 서비스망 현황

구분	NB-IoT (Narrow Band Internet of Thinks)	LoRa (Long Range Wide Area Network)
통신사	kt / LG	SK
서비스 제공	기존 LTE 상용망 활용	전용기지국 구축
속도	250K	5.4K
단점	고가	지하 등 음영지역 발생

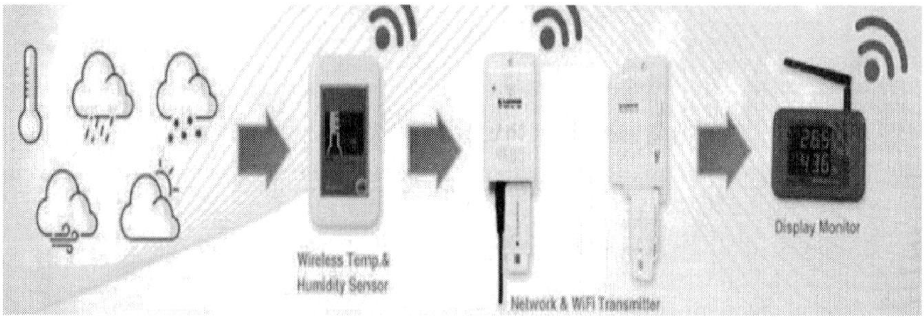

출처: https://blog.naver.com/wismax/221096502170

[그림 6.8] 무선계측 개념도

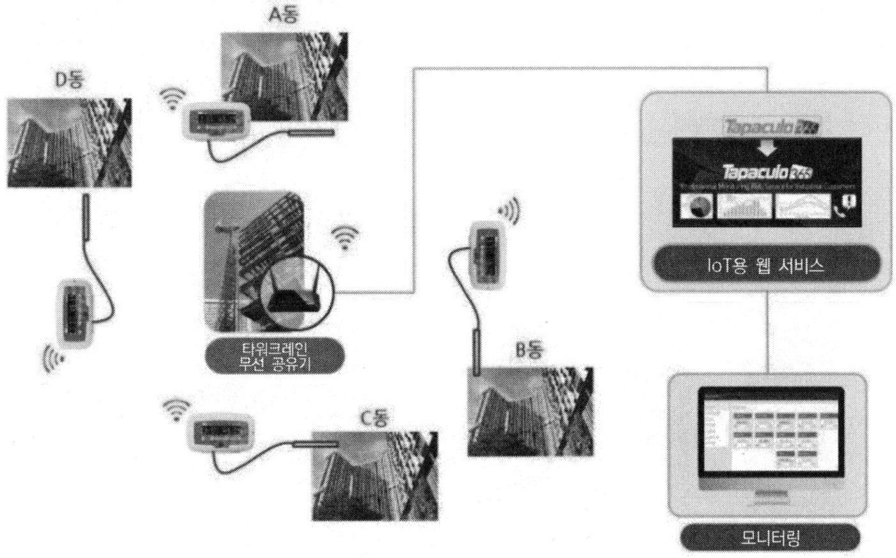

출처: https://blog.naver.com/wismax/221096502170

[그림 6.9] 건설현장 사용사례

(2) 무선센서 네트워크를 이용한 한중 콘크리트 양생관리

알고리즘을 적용하여 콘크리트 양생온도를 측정하고 이를 바탕으로 실시간 적산온도 및 강도를 추정함으로써 공사기간의 단축 및 체계적인 품질관리를 도모할 수 있다.

그림 6.10은 무선센서계측 시스템을 보여주는 것으로 통신사의 IoT(사물인터넷) 전용 LoRa를 활용한다. 상시 전원 공급이 불필요하고, 저전력 통신을 통한 배터리 수명이 1년 이상이며, IoT 전용 무선망을 활용하므로 설치가 용이하고 유지비가 적게 든다는 장점이 있다.

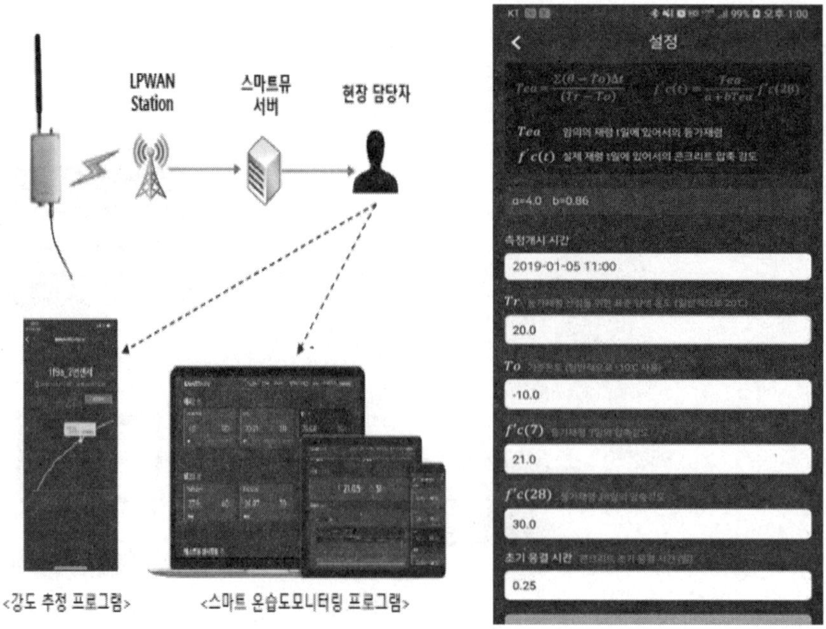

[그림 6.10] 무선센서계측 시스템

그림 6.11은 콘크리트의 적산온도와 압축강도의 관계를 나타낸 것이다. 등가재령(식 6.3 참조)이란 20 ℃의 표준조건에서 양생한 것으로 환산한 재령으로, 적산온도로부터 등가재령을 구한 후, ACI 강도추정식(식 6.5 참조)을 통해 활용 강도를 추정할 수 있다.

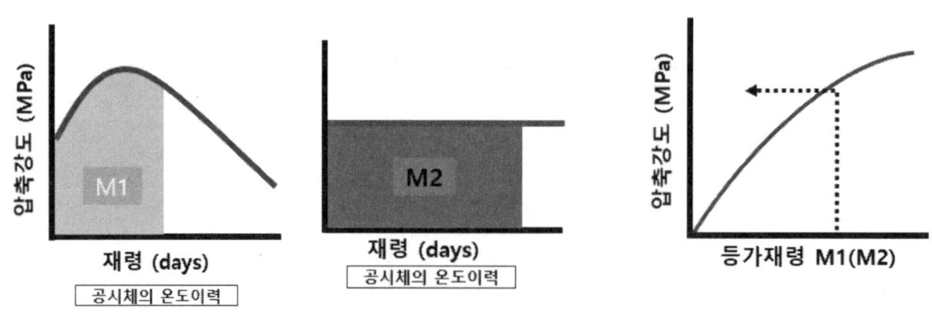

[그림 6.11] 콘크리트의 적산온도와 압축강도의 관계

$$T_{es} = \frac{\Sigma(\theta - T_r)\Delta t}{(T_r - T_o)} \tag{6.3}$$

여기서 T_{es}: Nures-saul 함수에 의한 등가재령 (hr 또는 day)

T_r: 등가재령 산정을 위한 표준양생온도 (℃), 20 ℃

θ: 일평균기온(또는 평균 콘크리트 온도) (℃)

T_o: 기준온도 (℃), 일반적으로 -10 ℃를 적용

Δt: 온도측정 시간간격

$$T_{ea} = \int_0^1 \exp\left(\frac{E}{R}\left(\frac{1}{T_s} - \frac{1}{273 + T_a}\right)\right)dt \tag{6.4}$$

여기서 T_{ea}: Arrhenius식에 의한 등가재령 (hr 또는 day)

T_a: dt시간 동안의 콘크리트의 평균양생온도 (℃)

T_s: 293 ℃, 절대온도(K) + 20 ℃

E: 활성화에너지(시멘트 종류에 따른 고유값)로서 1종 시멘트의 경우

T_a ≤ 20 ℃일 때, $E = 33.5 + 1.47(20 - T_a)\ KJ/mol$

T_a ≥ 20 ℃일 때, $E = 33.5\ KJ/mol$

R: 기체상수 $8.314\ J/mol^o K$

$$f'_c(t) = \frac{te}{a + b \cdot te} f'_c(28) \tag{6.5}$$

여기서 $f'_c(t)$: 실제재령 t일에 있어서 콘크리트 압축강도

te: 임의의 실제재령

$f'_c(28)$: 재령 28일의 압축강도. 구조체의 모든 부위에 있어서 안전측으로 강도추정을 하기 위해 적용 콘크리트의 호칭강도를 적용하는 것이 적정함

a, b: 콘크리트의 배합조건에 따른 계수로서 보통 포틀랜드 시멘트(OPC)를 적용한 일반배합의 경우 각각 4.0, 0.85를 적용함
단, OPC 적용 콘크리트에 조강성 혼화제를 적용하는 경우에는 조기 강도 발현성이 우수하므로, 실제로 현장에 적용하는 콘크리트의 표준양생 재령 7일 및 28일 강도로부터 계수값을 산정하는 것이 정확함

압축강도 추정식은 첫째 온도이력, 적산온도(Nause-Saul식), 등가재령 산출, 강도 추정 방식 순이며, 둘째 온도이력, 등가재령(Arrhenius식), 강도 추정의 방식으로 산출할 수 있다. 현재 네이블커뮤니케이션즈로 구현한 모바일앱은 첫째의 적산온도 방식을 적용하고 있다.

무선계측은 그림 6.12와 같이 실시하며, 거푸집에 센서를 포함한 무선계측기를 설치하고 적산온도, 온도이력, 강도 등을 실시간 모니터링할 수 있다.

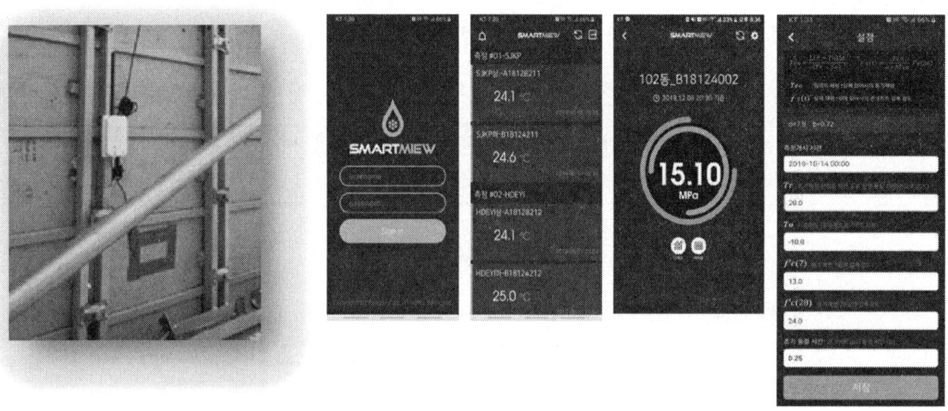

[그림 6.12] 무선계측기 설치 및 모니터링 사진

(3) CIMS(Concrete IoT Management System)를 이용한 품질관리 시스템

국내 건설사에서 개발한 CIMS(Concrete IoT Management System)는 그림 6.13과 같이 무선센서 네트워크기반의 콘크리트 초기품질관리 시스템이다. CIMS는 기존 무선센서의 단점을 보완하였는데, 특히 초기 데이터를 전송 받을 때 알루미늄거푸집에 의한 전파 난반사를 최소화하였으며, 블루투스 송수신 거리를 30 m까지 가능하게 하였다.

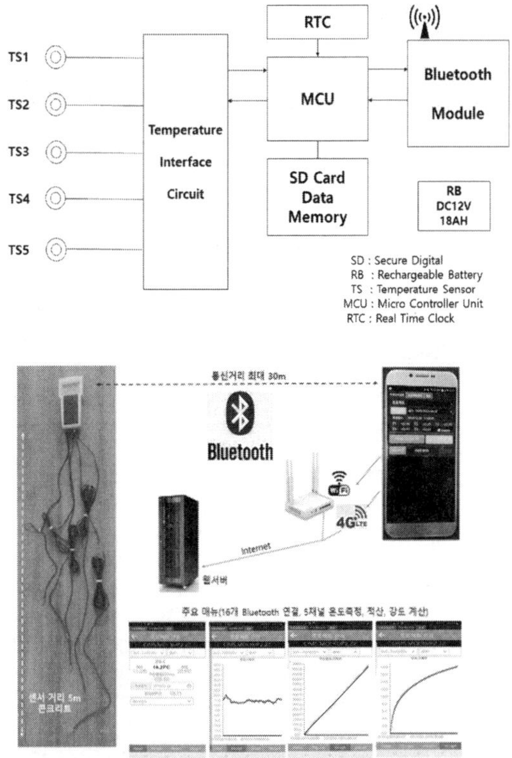

[그림 6.13] CIMS의 모듈 구성도 및 개념도

표 6.11은 CIMS의 기술 사양을 나타낸 것이다. 작용온도는 -55 ~ 125 ℃까지 가능하며, 블루투스 송수신 거리는 30 m까지 가능하다. 이로 인해 타설층에 직접 접근하지 않고도 데이터의 수신이 가능하기 때문에 측정자의 작업 안전성이 증대된다. 온도케이블의 길이는 10 m 이내로 가능하며, 5개의 채널에서 측정할 수 있고, 측정 후 온도케이블 교체 시 본체의 경우 재사용이 가능하다는 특징이 있다.

[표 6.11] CIMS의 기술 사양

작용온도 (℃)	-55 ~ 125
측정 정확도 (℃)	±0.5
블루투스 송수신 가능 거리 (m)	30
저장 간격 (min)	30
크기 (mm)	200 × 110 × 40
온도 센서 케이블 길이 (m)	10 m 이내
측정 채널 수	5개

참고문헌

1) 한국건축시공학회 (2009). "한중 콘크리트 기술교육자료", 일본
2) 국토교통부 (2018). "한중 콘크리트", 국가건설기준 표준시방서, 한국
3) 한국콘크리트학회 (2003). "콘크리트 표준시방서 해설", 한국
4) 대우건설 (2018). "대한건축학회 건축기술지침", 한국
5) 김형래 (2003). "성숙도 개념을 이용한 한중 콘크리트 양생관리 프로세스에 관한 연구", 대한건축학회논문집, 한국

제 7 장 콘크리트 품질관리

7.1 일반사항

한중 콘크리트 적용기간에 시공하여 완성된 구조물은 소요 성능과 품질을 가지고 있다는 것을 확인할 수 있도록 합리적이고 경제적인 검사계획을 정하여 공정 각 단계에서 필요한 검사를 실시해야 한다. 한중 콘크리트의 품질은 일반적으로 설계단계에서 검토되어 설계도서(시방서)에 규정되어 있으며, 실무현장에서는 「한중 콘크리트 시공계획서」를 작성하여 규정된 품질을 만족하여야 한다. 콘크리트의 품질관리와 관련된 콘크리트 검사는 육안으로 확인하는 것뿐만 아니라 현장에서 도구를 이용하여 제 규격(크기나 높이)을 측정하는 것과 납품된 콘크리트의 각종 품질 시험을 포함하며, 이러한 시험결과를 평가하는 것까지 콘크리트 검사로 분류한다.

검사는 미리 정한 판단기준에 적합한지 여부를 필요한 측정이나 시험결과를 바탕으로 판정한다. 시험을 실시하는 경우 객관적인 판정이 가능한 방법을 사용하며, 일반적으로 한중 콘크리트 표준시방서 또는 KS규격에 따르면 적합하다. 일반적으로 레디믹스트 콘크리트를 사용하는 경우 재료, 제조설비, 작업 등의 관리, 콘크리트의 품질관리 및 검사는 KS F 4009 레디믹스트 콘크리트의 규정에 따른다.

만약 시험결과 불합격되는 경우에는 적절한 조치를 강구하여 소정의 성능을 만족하도록 하여야 한다.

7.2 검사계획

검사계획의 설정은 한중 콘크리트 시공계획에 대응하여 검사할 항목의 선정, 필요한 인원의 배치, 시험 및 검사 방법의 선택, 시험 및 검사의 시기나 빈도, 시험 및 검사의 적용방법 등에 대하여 실시한다.

검사는 구조물의 중요도, 공사의 종류 및 규모, 공사기간, 재료나 적용 시 공법의 신뢰성 및 숙련도, 시공의 시기, 그 후의 시공공정에 대한 영향도, 효율 등을 고려하여 계획한다. 검사계획은 콘크리트 제조에 관한 검사, 시공공정에 있어서의 검사, 완성된 콘크리트 구조물에 대하여 입안하고, 통상 예상할 수 있는 상황 변화에 유연하게 대처할 수 있도록 한다. 다만, 예상을 초과한 상황 변화가 생겼을 때에는 검사계획 자체를 수정할 필요가 있다.

7.3 시험계획 및 준비

7.3.1 시험계획

시공자는 콘크리트 인수검사를 위한 시험계획서를 작성한다. 시험계획서에는 인수검사의 목적 및 아래에 기록한 필요사항을 검토하여 검사의 적임자, 시험담당자, 타설 시의 구획과 검사 로트의 크기, 시험에 필요한 기구, 기록용지 및 운용방법, 시험장소와 설비, 채취시료의 위치 등을 구체적으로 결정하여 둔다.

인수검사에 의한 시험 및 검사는 콘크리트의 시험방법에 관해서 지식과 기술을 보유한 사람이 하여야 하고, 인수검사는 생산자에게 지정한 품질항목에 대해서 콘크리트 배합별로 실시하여야 한다. 인수검사의 검사항목은 통상의 경우 워커빌리티, 슬럼프, 공기량, 염화물량 및 압축강도가 있고, 이것 외에도 한중 및 서중 콘크리트의 경우에는 콘크리트 온도, 경량 콘크리트의 경우에는 단위 용적질량이 추가된다.

하루에 타설할 콘크리트의 양이 적고, 종류도 1종류뿐인 경우에는 검사할 때에 혼란이 적어 별 문제는 없을 것으로 생각되지만, 동일 현장에서 동일한 날에 다른 종류(다른 강도, 슬럼프 등)의 콘크리트를 다른 장소에 타설하는 경우나 2개 이상의 레디믹스트 콘크리트 공장에서 제조된 콘크리트를 타설할 경우는 특별히 주의가 필요하다. 콘크리트 온도의 차이, 시공·양생방법의 차이, 강도의 차이, 슬럼프의 차이, 골재의 차이 등이 발생할 수 있으므로, 별도의 로트(lot)로 취급하여 지정한 품질시험을 행해야 한다.

일반적인 검사항목 이외의 항목에 대하여 검사할 필요가 있는 경우에는 사전에 생산자와 협의하여 시험방법, 횟수 및 합격, 불합격 판정방법을 정하여 둔다.

콘크리트 압축강도의 검사결과는 콘크리트 타설 후 28일까지 알 수 없지만 통상의 경우에는 그 사이에 공사도 상당히 진행되어 압축강도 시험의 결과가 불합격으로 되면 대응이 어렵게 되기 때문에 되도록 초기단계(재령 3일, 7일)에 검사결과를 충분히 예상하는 것이 바람직하다.

7.3.2 시험·검사의 준비

시험장소는 콘크리트 타설작업장 근처의 평탄한 곳, 시험이나 공사에 지장이 없고, 급배수, 조명 등의 설비가 있으며, 가능하면 지붕이 있는 장소가 좋다. 또한, 공사현장 내에 시험·검사의 필요한 시험실 및 양생설비를 설치한다.

현장수중양생의 설비와 현장봉함양생용 선반은 공사현장 내에 설치하며, 온도추정양생장치를 사용할 경우는 검토·승인 후 배치한다. 공사현장에서 시험이 불가능한 경우는 시험이 가능한 시험기관을 선정하는 것이 좋다. 시험·검사용 기기는 인수검사에 지장을 주지 않는 선에서 필요량을 확보하고, 규정시험 정밀도를 유지할 수 있도록 항상 정비하여 사용한다.

참고로 검사에 필요한 기구류는 다음과 같다.

1) 시료 채취 일륜차, 철판(900 × 1200 × 150 mm 정도), 버킷, 대삽, 손삽

2) 슬럼프 시험 - 슬럼프 콘, 다짐봉, 슬럼프측정용 스케일, 철판(700 × 700 mm 정도), 자
3) 슬럼프 플로 시험 - 슬럼프 콘, 다짐봉, 슬럼프측정용 스케일, 철판(700 × 700 mm 정도), 자
4) 공기량 시험 - 공기량 측정기
5) 단위용적질량 시험 - 규정 용기 및 저울
6) 염화물량 시험 - 염화물량 측정 시험기
7) 압축강도 시험 - 공시체 제작용 몰드, 다짐봉, 고무망치, 흙손
8) 콘크리트 온도 측정 - 침투형 디지털 온도계, 알코올 봉상 온도계,
9) 기타 기록용 칠판, 카메라 등

7.4 콘크리트의 품질검사

그림 7.1은 건설공사 현장의 콘크리트 검사순서를 나타낸 것이다. 먼저, 한중 환경조건 시 현장 콘크리트 타설을 원활하게 하기 위해서는 타설에 앞서 납품일시, 콘크리트의 종류, 수량, 배출장소 및 에지테이터 트럭의 반입 속도 등을 생산자와 충분히 협의해야 한다. 콘크리트 배출장소는 운반차가 안전하고 원활하게 출입할 수 있고, 배출 작업이 쉽게 될 수 있는 장소이어야 하며, 콘크리트 배출 시에는 재료분리가 일어나지 않도록 해야 한다. 또한, 납품서에 기재한 용적이 부족하지 않도록 관리해야 하며, 시험에 불합격한 경우에는 시공자가 지시하는 방법으로 폐기하여야 한다.

7.4.1 콘크리트의 받아들이기 품질검사

(1) 콘크리트 운반검사

콘크리트 운반차는 트럭믹서 또는 에지테이터 트럭의 사용을 원칙으로 하고, 슬럼프 25 mm 이하의 낮은 콘크리트를 운반할 때는 덤프트럭을 사용할 수 있다. 트럭믹서나 에지테이터 트럭은 혼합한 콘크리트를 충분히 균일하게 유지하고 재료분리를 일으키지 않고 쉽고 안전하게 배출할 수 있는 것이어야 하며, 콘크리트의 1/4과 3/4의 부분에서

각각 시료를 채취하여 슬럼프 시험을 하였을 경우 양쪽의 슬럼프 차가 30 mm 이내가 되는 것이어야 한다.

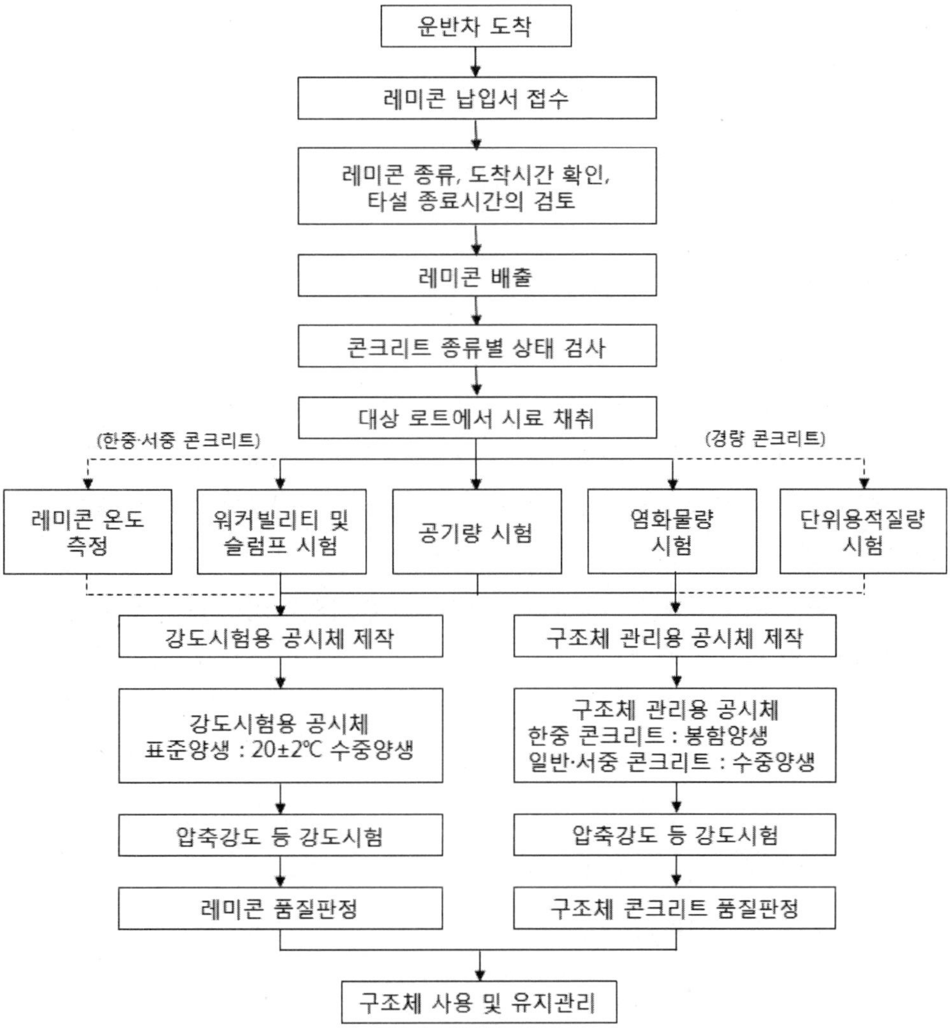

[그림 7.1] 건설공사 현장에서의 콘크리트 검사 순서

운반시간의 제한에 관하여 KS F 4009에는 혼합을 개시하고부터 타설 직전까지의 시간을 90분 이내로 규정하고 있으며, 표준시방서에서는 혼합 시부터 타설 후 종료까지의 시간을 규정하고 있는데, 기온이 25 ℃ 이상의 경우 90분, 25 ℃ 미만의 경우는 120분 이내로 하고 있다. 콘크리트의 운반검사는 표 7.1에 따른다.

[표 7.1] 콘크리트 운반검사

항목		시험·검사방법	시기 및 횟수	판정기준
운반설비 및 인원배치		외관 관찰	콘크리트 타설 전 및 운반 중	시공계획서와 일치할 것
운반방법		외관 관찰		시공계획서와 일치할 것
운반량		양의 확인		소정의 양일 것
운반시간	표준시방서	혼합 직후부터 타설 완료까지		외기온도 25 ℃ 이상 90분 외기온도 25 ℃ 미만 120분*
	KS F 4009	출하 후부터 공사현장 배출 직전까지		90분

* 특별조치로 콘크리트의 품질변동이 없는 범위 내에서 책임기술자의 승인 후 시간제한을 변경할 수 있다.

(2) 콘크리트 운반 시 온도저하치

한중 콘크리트의 경우는 표준시방서 기준상 120분까지 운반 및 타설을 완료하면 되나, 운반시간 및 현장 대기시간에 콘크리트의 온도가 떨어질 수 있으므로 가급적 빨리 타설하는 것이 바람직하다. 한중 콘크리트 타설 시 온도는 시방서 규정상 5 ℃ 이상으로 규정하고 있기 때문에 기상조건과 시공조건을 충분히 고려하여 운반 중 온도저하를 예상해야 한다.

콘크리트 온도저하는 1시간당 콘크리트의 온도와 대기온도 차의 15 % 정도로 운반에 의한 온도저하치는 다음 식 7.1로 구할 수 있다.

$$T' = 0.15(T_1 - T_0)t \tag{7.1}$$

여기서 T' : 콘크리트의 온도저하치 (℃)

T_1: 혼합 직후의 콘크리트 온도 (℃)

T_0: 주위의 기온 (℃)

t: 혼합으로부터 타설 종료까지의 시간

레미콘 운반시간과 대기시간 중 온도저하를 막기 위하여 사진 7.1과 같이 레미콘 차량에 단열커버를 사용할 수 있다. 그림 7.2는 단열커버 사용 유무에 따른 레미콘 차량 안의 콘크리트 온도 저감량을 나타낸 것이다. 단열커버를 사용한 경우 이동시간 40분을 기준으로 외기온도에 따라 약 1~3 ℃정도의 온도저하를 방지할 수 있다.

[사진 7.1] 단열커버를 사용한 레미콘 차량

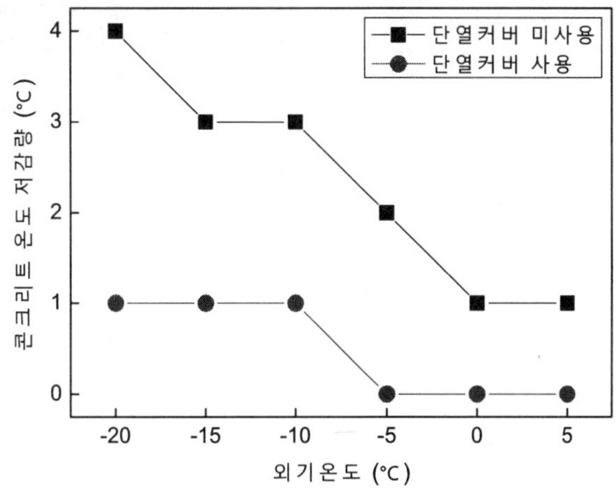

[그림 7.2] 단열커버 사용 유무에 따른 콘크리트 온도 저감량(이동시간 40분 기준)

또한, 그림 7.3과 같은 과정으로 기존의 부직포를 제거하고 방청작업 후 단열페인트를 도색할 수 있다. 한중 콘크리트 운반 시 단열페인트로 도색한 레미콘 차량은 기존 부직포를 사용한 차량보다 평균 3 ~ 4 ℃의 온도저하 방지 효과가 있는 것으로 보고되고 있으며, 눈·비에 의한 오염 방지, 열전도 차단 및 드럼부식 방지에 효과적이다.

[그림 7.3] 단열페인트를 사용한 레미콘 차량

(3) 콘크리트 온도관리 기준

한중 콘크리트는 대기온도와 단면두께 조건에 따라 표 7.2와 같이 콘크리트의 온도를 관리할 수 있다. 콘크리트의 타설량 및 중량에 따라 다소 차이가 발생할 수 있으나, 표 7.2에서 제시한 타설 시 콘크리트 최저온도를 유지시켜 초기동해 방지뿐만 아니라 소요재령에서 더 높은 강도 발현이 가능하다.

[표 7.2] 대기온도, 단면두께별 콘크리트 온도관리 기준

대기온도 (℃)		단면두께			
		300 mm 이하	300 ~ 900 mm	900 ~ 1,800 mm	1,800 mm
배합 직후 콘크리트 온도	-1 ℃	16 ℃	13 ℃	10 ℃	7 ℃
	-1 ~ -18 ℃	18 ℃	16 ℃	13 ℃	10 ℃
	-18 ℃ 이하	21 ℃	18 ℃	16 ℃	13 ℃
타설 시 콘크리트 최저온도		13 ℃	10 ℃	7 ℃	5 ℃

(4) 콘크리트 받아들이기 품질검사

콘크리트의 받아들이기 품질관리는 콘크리트를 타설하기 전 표 7.3에 의해 실시하여야 한다.

[표 7.3] 콘크리트의 받아들이기 품질검사

<table>
<tr><th colspan="2">항목</th><th>시험·검사방법</th><th>시기 및 횟수</th><th>판정기준</th></tr>
<tr><td colspan="2">굳지 않은 콘크리트의 상태</td><td>외관관찰 및 육안검사</td><td>콘크리트 타설 개시 및 타설 중 수시</td><td>워커빌리티가 좋고, 품질이 균질하며 안정하며, 얼음이 섞여 있지 않을 것</td></tr>
<tr><td colspan="2">슬럼프</td><td>KS F 2402</td><td rowspan="4">압축강도 시험용 공시체 채취시 및 타설 중 품질변화가 인정될 때</td><td>30 mm 이상 80 mm 미만
: 허용오차 ±15 mm
80 mm 이상 180 mm 이하
: 허용오차 ±25 mm</td></tr>
<tr><td colspan="2">공기량</td><td>KS F 2409
KS F 2421
KS F 2449</td><td>허용오차: ±1.5 퍼센트</td></tr>
<tr><td colspan="2">온도</td><td>온도측정</td><td>한중 콘크리트: 10 ℃ 이상</td></tr>
<tr><td colspan="2">단위질량</td><td>KS F 2409</td><td>정해진 조건에 적합할 것</td></tr>
<tr><td colspan="2">염소이온량</td><td>KS F 4009 부속서 1</td><td>바다 잔골재를 사용할 경우 2회/일, 그 밖의 경우 1회/일</td><td>원칙적으로 0.3 kg/m³이하</td></tr>
<tr><td rowspan="6">배합</td><td rowspan="2">단위수량*</td><td>굳지 않은 콘크리트의 단위수량 시험으로부터 구하는 방법</td><td>내릴 때
오전 2회 이상,
오후 2회 이상</td><td>허용값 내에 있을 것</td></tr>
<tr><td>골재의 표면수율과 단위수량의 계량치로부터 구하는 방법</td><td>내릴 때 / 전 배치</td><td>허용값 내에 있을 것</td></tr>
<tr><td>단위시멘트량</td><td>시멘트의 계량치</td><td>내릴 때 / 전 배치</td><td>허용값 내에 있을 것</td></tr>
<tr><td rowspan="2">물-결합재비</td><td>굳지 않은 콘크리트의 단위수량과 시멘트의 계량치로부터 구하는 방법</td><td>내릴 때
오전 2회 이상,
오후 2회 이상</td><td>허용값 내에 있을 것</td></tr>
<tr><td>골재의 표면수율과 콘크리트 재료의 계량치로부터 구하는 방법</td><td>내릴 때 / 전 배치</td><td>허용값 내에 있을 것</td></tr>
<tr><td>기타, 콘크리트 재료의 단위량</td><td>콘크리트 재료의 계량치</td><td>내릴 때 / 전 배치</td><td>허용값 내에 있을 것</td></tr>
<tr><td colspan="2">펌퍼빌리티</td><td>펌프에 걸리는 최대 압송 부하의 확인</td><td>펌프 압송 시</td><td>콘크리트 펌프의 최대 이론 토출압력에 대한 최대 압송부하의 비율이 80 % 이하</td></tr>
</table>

* 단위수량의 시험은 도입된 지 얼마 되지 않았고 시험 방법의 적합성이나 시험 결과의 신뢰성 등이 평가되지 않아 현재는 참고자료로만 활용하는 것이 좋다.

이때의 트럭에지테이터에서 분취 시료를 채취하는 경우는 KS F 2401 [참고 2]와 같이 트럭 에지테이터에서 배출되는 콘크리트에서 규칙적인 간격으로 3회 이상 채취하며, 배출의 초기와 끝부분에서 채취하여서는 안 된다. 그리고 트럭 에지테이터에서 30초간 고속으로 회전한 후 최초로 배출되는 콘크리트 50 ~ 100 L를 제외하고 채취한다.

워커빌리티 검사는 굵은 골재 최대치수 및 슬럼프가 설정치를 만족하는지의 여부를 확인함과 동시에 재료분리 저항성을 외관 관찰에 의해 확인하여야 한다. 특히 재료분리는 그림 7.4, 7.5와 같이 보통 콘크리트인 경우는 EISN(Evaluation Index for Segregation of Normal Strength Concrete)값, 고유동 콘크리트인 경우는 EIS(Evaluation Index for Segregation)값인 평가정수로 평가할 수 있는데, EISN은 슬럼프플로 최댓값을 최솟값으로 나눈 것으로 1.09 이상일 경우 EIS는 슬럼프 플로를 슬럼프로 나눈 값이며, 그 값이 2.5 이상일 경우 재료분리로 판정할 수 있다.

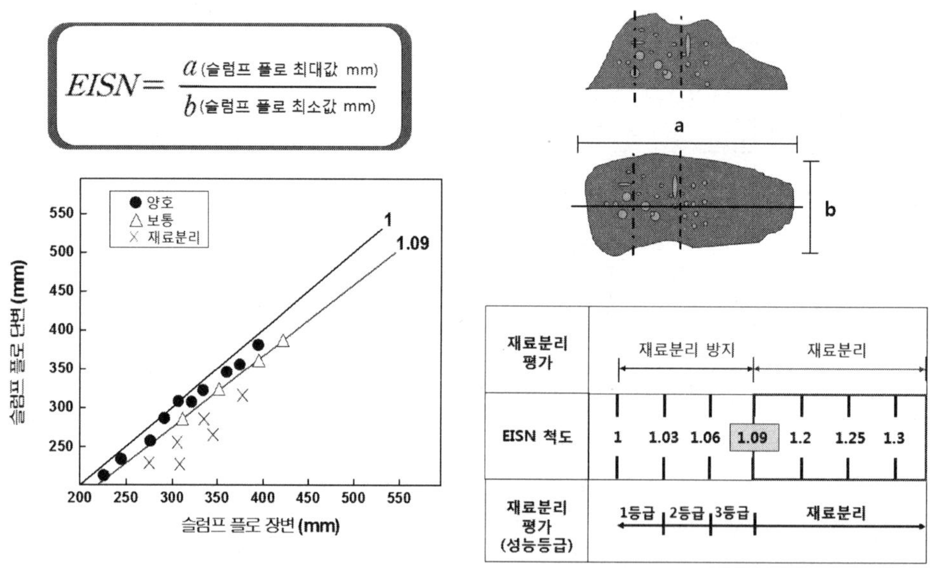

[그림 7.4] 보통 콘크리트의 EISN값에 의한 재료분리 평가방법

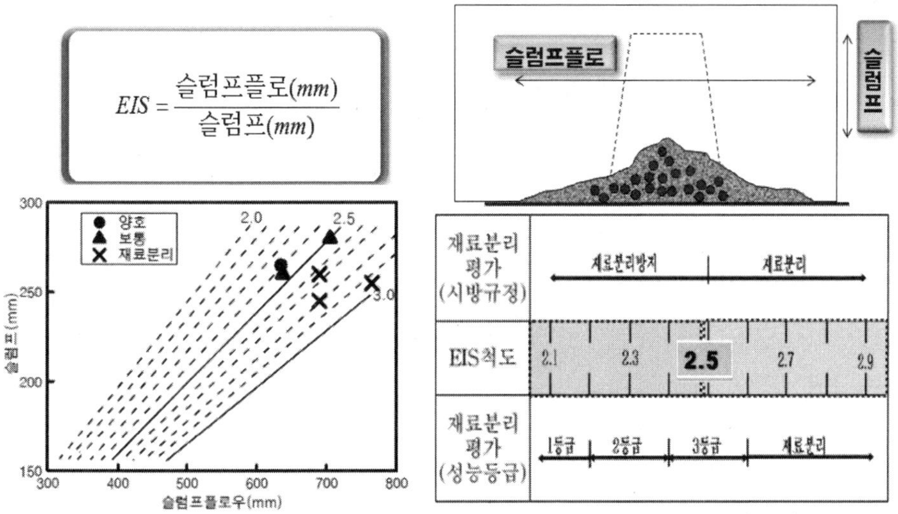

[그림 7.5] 고유동 콘크리트의 EIS값에 의한 재료분리 평가방법

7.4.2 압축강도에 의한 콘크리트의 품질검사

압축강도에 의한 콘크리트의 품질검사를 하는 경우에는 표 7.4에 의한다. 압축강도에 의한 콘크리트의 품질관리는 일반적인 경우 조기재령에 있어서의 압축강도에 의해 실시한다. 이 경우 시험체는 구조물에 사용되는 콘크리트를 대표할 수 있도록 채취하여야 한다.

강도검사는 콘크리트의 배합검사를 실시하는 것을 표준으로 한다. 배합검사를 하지 않은 경우에는 표 7.4에 따라 압축강도시험에 의한 검사를 실시한다. 이 검사에서 불합격된 경우에는 구조물에 대한 콘크리트의 강도검사를 실시하여야 한다. 내구성검사는 공기량, 염소이온량을 측정하는 것으로 한다. 내구성으로부터 정한 물-결합재비는 배합검사를 실시하거나, 강도시험에 의해 확인할 수 있다. 검사결과 불합격으로 판정된 콘크리트는 사용할 수 없다.

[표 7.4] 압축강도에 의한 콘크리트의 품질검사

<table>
<tr><th rowspan="2">종류</th><th rowspan="2">항목</th><th rowspan="2">시험·검사
방법</th><th rowspan="2">시기 및 횟수*</th><th colspan="2">판정기준</th></tr>
<tr><th>$f \le 35$ MPa</th><th>$f_{ck} > 35$ MPa</th></tr>
<tr><td>설계기준압축
강도로부터
배합을 정한
경우</td><td rowspan="2">압축강도
(일반적인
경우 재령
28일)</td><td rowspan="2">KS F
2405의
방법*</td><td rowspan="2">1회/일,
또는
구조물의
중요도와
공사의 규모에
따라 120 m³
마다 1회,
배합이 변경될
때마다</td><td>① 연속 3회 시험값의 평균이 설계기준압축강도 이상
② 1회 시험값이(설계기준압축강도 - 3.5 MPa) 이상</td><td>① 연속 3회 시험값의 평균이 설계 기준 압축강도 이상
② 1회 시험값이 설계기준압축강도의 90 % 이상</td></tr>
<tr><td>그 밖의 경우</td><td colspan="2">압축강도의 평균치가 소요의 물-결합재비에 대응하는 압축강도 이상일 것</td></tr>
</table>

* 1회의 시험값은 공시체 3개의 압축강도 시험값의 평균값이다.

7.5 콘크리트의 시공 및 양생검사

7.5.1 타설, 양생 및 온도관리검사

콘크리트 타설검사는 표 7.5에 따르고, 콘크리트 양생검사는 표 7.6에 따른다. 한중 콘크리트의 온도관리검사는 표 7.7에 의한다.

[표 7.5] 콘크리트의 타설검사

<table>
<tr><th>항목</th><th>시험·검사방법</th><th>시기 및 횟수</th><th>판정기준</th></tr>
<tr><td>타설 설비 및
인원 배치</td><td>외관관찰</td><td rowspan="3">콘크리트 타설 전
및 타설 중</td><td>시공계획서와 일치할 것</td></tr>
<tr><td>타설방법</td><td>외관관찰</td><td>시공계획서와 일치할 것</td></tr>
<tr><td>타설량</td><td>타설 개소의
형상치수로부터 양의 확인</td><td>소정의 양일 것</td></tr>
</table>

[표 7.6] 콘크리트의 양생검사

<table>
<tr><th>항목</th><th>시험·검사방법</th><th>시기 및 횟수</th><th>판정기준</th></tr>
<tr><td>양생설비 및
인원 배치</td><td>외관관찰</td><td rowspan="3">콘크리트 양생 중</td><td>시공계획서와 일치할 것</td></tr>
<tr><td>양생방법</td><td>외관관찰</td><td>시공계획서와 일치할 것</td></tr>
<tr><td>양생기간</td><td>일수, 시간의 확인</td><td>정해진 조건에 적합할 것</td></tr>
</table>

[표 7.7] 한중 콘크리트의 온도관리검사

<table>
<tr><th>항목</th><th>시험·검사방법</th><th>시기 및 횟수</th><th>판정기준</th></tr>
<tr><td>콘크리트 반입온도</td><td rowspan="5">온도측정</td><td>공사시작 전</td><td>10 ℃ 이상</td></tr>
<tr><td>타설 때의 온도</td><td rowspan="3">공사 중</td><td>5 ~ 20 ℃ 범위 또는
계획된 온도의 범위 내</td></tr>
<tr><td>양생 중의
콘크리트온도</td><td>모든 부분에서 0 ℃ 이상
또는 계획된 온도 범위 내</td></tr>
<tr><td>보온양생된
공간의 온도</td><td>10 ~ 20 ℃ 범위
또는 계획된 온도 범위 내</td></tr>
<tr><td>초기양생 완료 후</td><td>공사 완료 후</td><td>2일간 0 ℃ 이상</td></tr>
</table>

검사결과 시공 시작 시에 운반, 타설 혹은 양생이 적절하지 않다고 판단되는 경우 설비, 인원의 배치, 방법을 개선하는 등 소요의 목적을 달성할 수 있도록 적절한 조치를 취하여야 한다. 콘크리트 타설이 완료되어 있는 경우는 구조물의 콘크리트가 소요의 목적을 달성하고 있는지 여부를 확인하여 필요에 따라 적절한 조치를 취하여야 한다.

양생의 적합성 여부, 거푸집 탈형시기 등을 정할 필요가 있는 경우, 혹은 조기 재령에서 안전성 여부를 확인할 필요가 있는 경우에는 현장 콘크리트와 되도록 동일한 상태에서 양생한 시험체를 사용하여 강도시험을 실시한다. 양생을 끝낼 시기, 거푸집 및 동바리를 해체할 시기에 대하여는 현장 콘크리트와 가급적 동일한 상태에서 양생한 공시체의 강도시험에 의하거나 콘크리트의 온도기록에 의한 적산온도로부터 추정한 강도에 의해 정하여야 한다.

물-결합재비를 적산온도 방식에 의하여 정한 경우 사용한 콘크리트의 품질관리 또는 품질검사를 위한 압축강도시험의 재령은 식 7.2로부터 정하여야 한다. 다만, 시험체의 양생은 20±2 ℃인 수중양생으로 한다.

$$Z_{20} = \frac{M}{30}(30\text{일}) \tag{7.2}$$

여기서 Z_{20}: 압축강도시험을 할 재령 (일)

M: 배합을 정하기 위하여 사용한 적산온도의 값 (°D·D)

1) 구조체 콘크리트의 압축강도 검사는 현장봉합양생으로 실시한다.
2) 양생기간 중에는 콘크리트의 온도, 보온된 공간의 온도 및 기온을 자기 기록 온도계 및 열전대 온도계로 기록한다. 다만, 콘크리트가 동결할 위험성이 작은 경우에는 그 주위의 기온만을 기록하여 양생관리 할 수 있다.

7.6 콘크리트 구조물 검사

7.6.1 일반사항

1) 콘크리트 구조물을 완성한 후, 적당한 방법에 의해 표면의 상태가 양호한가, 구조물의 위치, 형상, 치수 등이 허용오차 이내로 만들어졌는가, 구조물 중의 콘크리트의 품질이 소요의 품질인가, 구조물의 각 부위가 충분히 그 기능을 발휘할 수 있도록 만들어져 있는가 등에 관하여 검사를 실시하여야 한다.
2) 검사결과 불합격이 되었을 경우 또는 비파괴검사 등의 결과로부터 상세 검사의 필요성이 생긴 경우의 조치는 책임기술자의 지시에 따라야 한다.

7.6.2 표면상태의 검사

1) 표면상태의 검사는 표 7.8에 의한다.
2) 검사 결과 이상이 확인된 경우에는 한국콘크리트학회에서 제정한 「콘크리트 구조물의 보수·보강 요령」을 참고로 책임기술자의 지시에 따라 적절한 보수를 실시하여야 한다.

[표 7.8] 콘크리트의 표면상태의 검사

항목	검사방법	판정기준
노출면의 상태	외관관찰	평탄하고 허니컴, 자국, 기포 등에 의한 결함, 철근피복 부족의 징후 등이 없으며, 외관이 정상일 것
초기동해	외관관찰 및 긁힘시험	콘크리트 표면이 유독 진한색이 나지 않으며, 손으로 긁을 때 쉽게 자국, 박리, 탈락되지 않을 것
균열	스케일에 의한 관찰	균열폭은 「콘크리트구조 사용성 설계기준」의 규정에 따르되, 구조물의 성능, 내구성, 미관 등 그의 사용목적을 손상시키지 않는 허용값의 범위 내에 있을 것
시공이음	외관 및 스케일에 의한 관찰	신·구 콘크리트의 일체성이 확보되어 있다고 판단되는 것

7.6.3 초기동해 깊이검사

1) 초기동해 피해를 입은 콘크리트의 깊이를 측정하고자 할 경우 침수건조법을 실시하여 동해 깊이를 판정할 수 있다.
2) 수중침지건조법은 초기동해 피해를 입은 콘크리트의 조직이 이완되어 흡수율이 높아지므로, 정상적인 콘크리트와 비교 시 색깔이 진하게 변하는 것을 이용하여 초기동해 깊이를 판정하는 방법이다.
3) 시험 준비는 먼저, 초기동해 피해를 입은 콘크리트의 코어공시체를 채취하고, 약 24시간 포화상태가 될 때까지 물에 담가 놓는다. 포화상태 후 수건으로 코어공시체 표면을 닦고, 평평한 테이블 위에 코어공시체 단부를 위로하여 수평으로 올려놓아 준비한다.
4) 깊이 측정은 코어공시체의 표면을 10분 단위로 육안 관찰하며, 그림 7.6과 같이 30분 정도 동일하게 진한 색상을 유지하는 길이를 측정하여 초기동해 피해 깊이를 판정한다.
5) 초기동해 깊이가 확인된 경우는 책임기술자의 지시에 따라 피해 깊이까지 콘크리트를 깎아 제거하고 보수·보강한다.

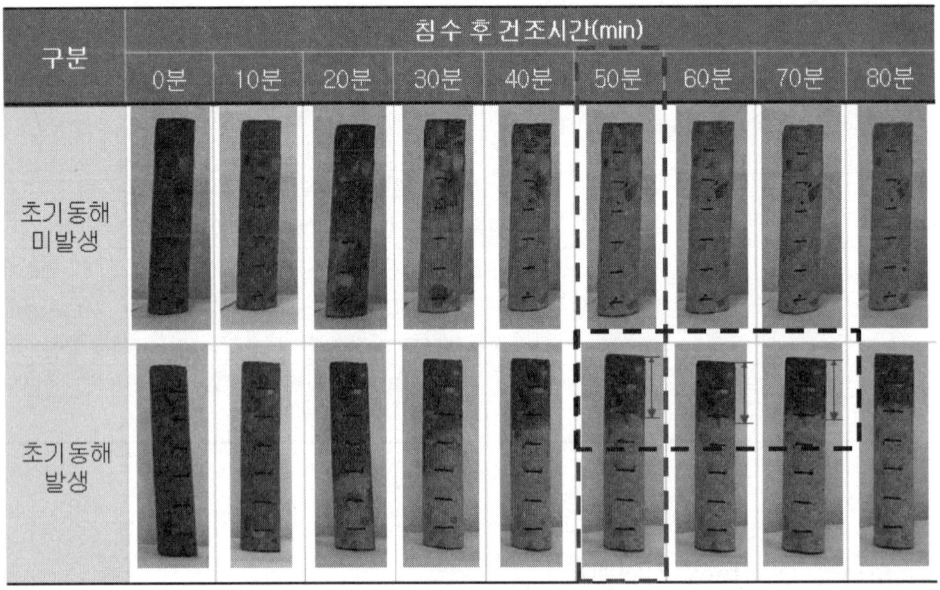

[그림 7.6] 초기동해 깊이 판정 모습

7.6.4 콘크리트 부재의 위치 및 형상치수의 검사

콘크리트 부재의 위치 및 형상치수의 검사는 그 구조물의 특성에 적합한 별도의 규준을 정하여 실시하여야 한다. 검사 결과 이상이 확인된 경우에는 책임기술자의 지시에 따라 콘크리트를 깎아 내거나 재시공 또는 콘크리트 덧붙이기 등 적절한 조치를 취하여야 한다.

7.6.5 철근피복검사

표면상태 검사에 의해 철근피복이 부족한 조짐이 있는 경우에는 비파괴시험방법 등에 의해 철근피복 조사를 실시하여 소정의 철근피복이 확보되어 있는지를 검사하여야 한다. 검사 결과 불합격된 경우에는 책임기술자의 지시에 따라 적절한 조치를 강구하여야 한다.

7.6.6 구조물 중의 콘크리트 품질의 검사

콘크리트의 받아들이기 검사 또는 시공검사에서 합격 판정되지 않은 경우, 또는 이들 검사가 확실히 실시되지 않은 경우에는 구조물 중의 콘크리트 품질검사를 실시하여야 한다. 구조물 중 콘크리트의 품질검사는 7.4의 콘크리트의 품질검사 및 7.5의 콘크리트 시공 및 양생검사에 의해 실시하여야 한다.

구조물 중의 콘크리트 품질검사 시 필요할 경우에는 한국콘크리트학회「비파괴시험법에 의한 콘크리트 강도평가 요령」에 따라 비파괴시험에 의한 검사를 실시하여야 한다. 비파괴시험 결과를 종합적으로 판단한 결과, 구조물의 성능에 의심이 가는 경우에는 책임기술자의 지시에 따라 적절한 조치를 취하여야 한다.

7.6.7 현장 양생 공시체의 제작, 시험 및 강도 결과

1) 책임기술자는 실제의 구조물에서 콘크리트의 보호와 양생이 적절한지를 검토하기 위하여 현장상태에서 양생된 공시체 강도의 시험을 요구할 수 있다.
2) 현장에서 양생되는 공시체는 KS F 2403(콘크리트의 강도 시험용 공시체 제작방법)에 따라 현장 조건하에서 양생한다.
3) 현장 양생되는 공시체는 시험실에서 양생되는 공시체와 똑같은 시간에 동일한 시료를 사용하여 제작되어야 한다.
4) 설계기준압축강도(f_{ck})의 결정을 위해 지정된 시험 재령일에 실시한 현장 양생된 공시체 강도가 동일 조건의 시험실에서 양생된 공시체 강도의 85 %보다 작을 때는 콘크리트의 양생과 보호절차를 개선하여야 한다. 만일 현장 양생된 것의 강도가 설계기준압축강도보다 3.5 MPa을 초과하여 상회하면 85 %의 한계조항은 무시할 수 있다.

7.6.8 콘크리트의 강도가 작게 나오는 경우

1) 시험실에서 양생된 공시체 개개의 압축시험 결과가 표 7.3 압축강도에 의한 콘크리트의 품질검사의 규정을 만족하지 못하거나 또는 현장에서 양생된 공시체의 시험 결과에서 결점이 나타나면, 구조물의 하중지지 내력을 충분히 검토하여야 하며, 그림 7.7 압축강도 불합격 레미콘의 조치에 대한 흐름도와 같이 적절한 조치를 취하여야 한다.
2) 콘크리트의 압축강도 시험 결과 규정을 만족하지 못할 경우 시료의 적절성 및 시험기기나 시험방법의 적절성을 검토하여 부적절한 경우를 제외하고 평가한다.
3) 상기 2)의 결과, 강도가 부족하다고 판단되면 관리재령의 연장을 검토한다.
4) 상기 2)의 결과, 강도가 부족하다고 판단되고 관리재령의 연장도 불가능할 때에는 비파괴 시험을 실시한다. 비파괴 시험 결과에서도 불합격될 경우 문제된 부분에서 코어를 채취하여 KS F 2422(콘크리트 코어 및 보의 시료 절취 및 강도 시험방법)에 따라 코어의 압축강도 시험을 실시하여야 한다. 코어 강도의 시험 결과는 평균값이 f_{ck}의 85 %를 초과하고 각각의 값이 75 %를 초과하면 적합한 것으로 판정한다.
5) 상기 4)의 시험 결과, 불합격된 경우는 부분적인 결함이라면 해당 부분을 보강하거나 재시공하며, 전체적인 결함이라면 구조계산 혹은 재하시험 등을 통해 부분적 혹은 전체적으로 보수 보강하지만, 그렇지 않으면 해체 재시공을 결정할 수도 있다.

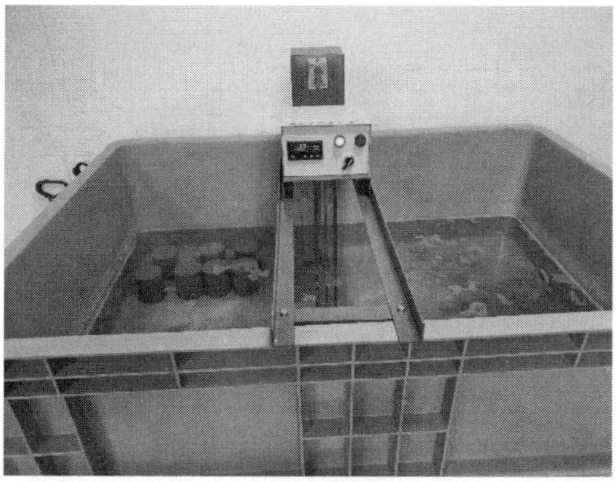

(a) 표준양생

(b) 구조체 관리용 공시체 제작

(c) 현장수중양생

(d) 현장봉합양생

(e) 온도추종양생

[사진 7.2] 콘크리트 강도 시험용 공시체의 양생관리

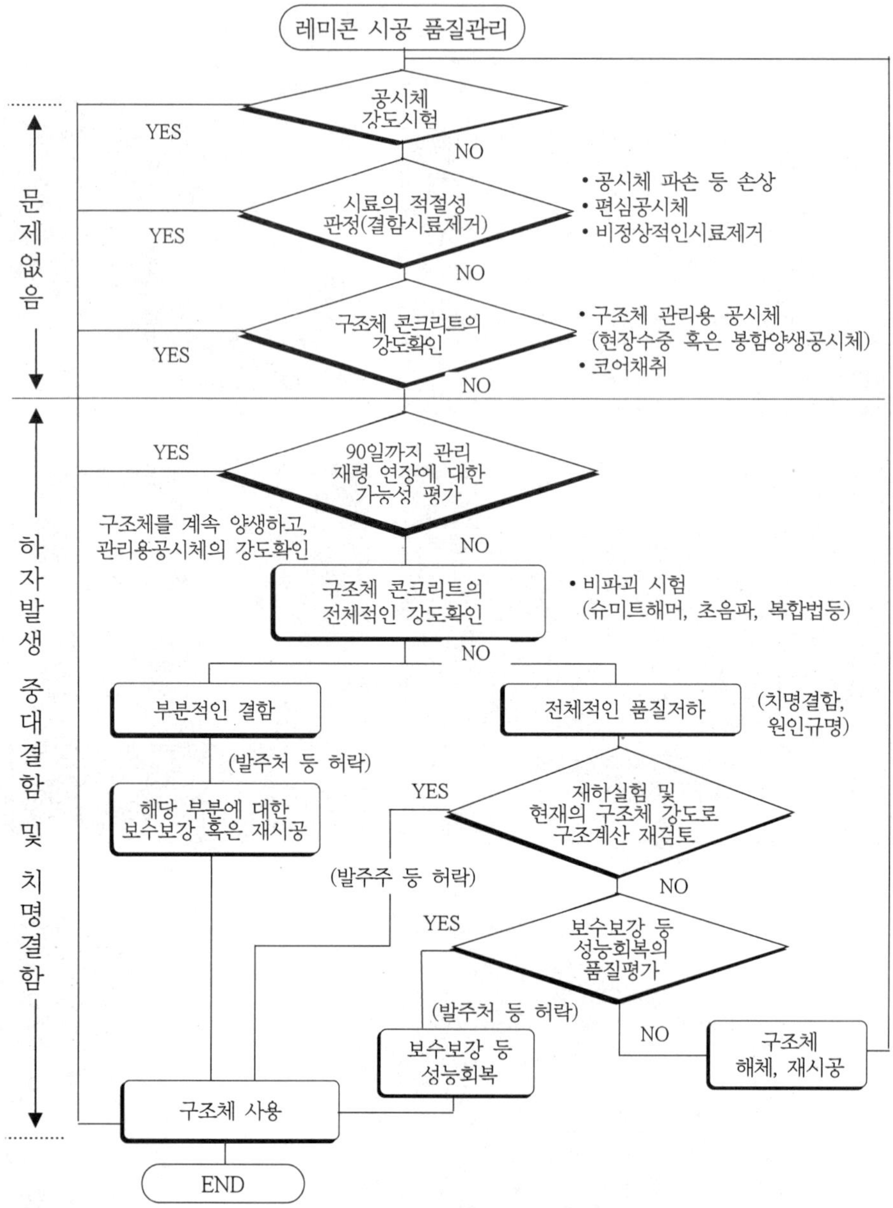

[그림 7.7] 압축강도 불합격 레미콘의 조치에 대한 흐름도

7.6.9 재하시험에 의한 구조물의 성능시험

1) 공사 중에 콘크리트가 초기동해를 받았다고 생각되는 경우, 공사 중 현장에서 채취한 콘크리트 압축강도시험 결과로부터 판단하여 강도에 문제가 있다고 판단되는 경우, 그 밖의 공사 중 구조물의 안전에 어떠한 근거 있는 의심이 생긴 경우 등으로서 책임기술자가 필요하다고 인정하는 경우에는 재하시험을 실시하여야 한다.
2) 구조물의 성능을 재하시험에 의해 확인할 경우 재하시험 방법은 그 목적에 적합하도록 정하여야 한다. 이 경우 재하 방법, 하중 크기 등은 구조물에 위험한 영향을 주지 않도록 정하여야 한다.
3) 재하 도중 및 재하 완료 후 구조물의 처짐, 변형률 등이 설계에 있어서 고려한 값에 대해 이상이 있는지 확인하여야 한다.
4) 재하시험 방법, 재하기준, 허용기준, 허용 내하력에 대한 규정 등 재하 시험에 관련된 사항은 「콘크리트구조 설계(강도설계법) 일반사항」을 준용한다.
5) 시험 결과, 구조물의 내하력, 내구성 등에 문제가 있다고 판단되는 경우에는 책임기술자의 지시에 따라 구조물을 보강하는 등의 적절한 조치를 취하여야 한다.

참고문헌

1) 국토교통부 (2018). “한중 콘크리트”, 국가건설기준 표준시방서, 한국
2) 국가기술표준원 (2016). “KS F 4009 레디믹스트 콘크리트”, 한국
3) 한천구 (2008). “레미콘 품질관리 Ⅰ”, 한국
4) Takayuki Fukase (2019). “Cold Weather Concreting in Japan”, 13th PICLS
5) 매일경제 (2007). “아주산업, 레미콘 車가 깨끗해졌어요”
6) ACI 306R-16 “Guide to Cold Weather concreting”
7) 국가기술표준원 (2017). “KS F 2401 굳지 않은 콘크리트의 시료 채취 방법”, 한국
8) 한인덕 등 (2015). “보통강도 콘크리트의 재료분리 저항성 평가방법 제안”, 대한건축학회논문집 구조계, 제31권, 7호, 한국
9) 한천구 등, (2008). “고유동 콘크리트의 새로운 재료분리 저항성 평가방법에 관한 제안”, 한국콘크리트학회논문집, 제10권, 2호, 한국
10) 한민철 등, (2017). “콘크리트의 초기동해 깊이 판별에 관한 기초적 연구”, 한국콘크리트학회 학술대회 논문집 제29권, 1호, 한국
11) 국가기술표준원 (2018). “KDS 14 20 30 콘크리트구조 사용성 설계기준”, 한국
12) 김경민 등 (2014). “온도추종 양생 장치를 이용한 저온환경 콘크리트의 강도 발현성상 검토”, 대한건축학회논문집 구조계, 제30권, 6호, 한국
13) 국가기술표준원 (2018). “KDS 14 20 01 콘크리트구조 설계(강도설계법) 일반사항”, 한국

부 록

1. 우리나라 각 지역의 일평균기온

■ 남한: 한국기상청: 1981 ~ 2010년

(순서: 강원, 경기, 충북, 충남, 경북, 경남, 전북, 전남, 제주)

■ 북한: 한국기상청: 1981 ~ 2010년

(순서: 함북, 자강, 양강, 함남, 평북, 평남, 평양, 남포, 강원, 황해)

2. 각 순(旬)초 일부터 4주, 6주, 8주간의 적산온도

■ 남한: 한국기상청: 1981 ~ 2010년

부록 1. 우리나라 각 지역의 일평균기온

■ 남한: 한국기상청: 1981~2010년

[표 1] 일평균기온 (속초: 0.1 ℃), 강원

일	1월	2월	3월	4월	5월	6월	7월	8월	9월	10월	11월	12월
1	5	−7	33	84	142	176	207	247	225	176	118	51
2	2	−5	34	88	144	178	209	246	222	175	117	50
3	1	−2	35	95	145	180	212	246	218	174	118	47
4	1	1	37	97	147	183	214	246	215	173	119	43
5	0	5	36	101	147	186	215	246	213	171	120	42
6	−1	9	36	103	148	185	216	247	212	168	116	43
7	2	11	38	105	148	184	217	246	212	166	113	41
8	3	10	40	103	149	185	217	246	211	165	107	41
9	2	11	43	101	149	185	218	245	210	164	103	40
10	1	12	48	100	151	186	219	245	208	163	99	37
11	−2	14	51	102	150	188	220	244	205	163	98	34
12	−5	16	53	103	149	190	221	244	203	161	96	31
13	−6	19	53	106	151	189	222	243	201	160	94	26
14	−6	18	54	110	153	188	222	242	200	158	89	24
15	−5	16	56	115	155	188	224	240	199	155	84	22
16	−3	16	59	117	158	188	227	238	199	153	78	18
17	−2	16	62	118	162	189	229	236	198	150	72	18
18	−2	16	63	118	166	191	231	234	197	146	70	21
19	−4	17	64	120	168	194	235	234	194	143	70	22
20	−4	21	64	121	170	195	237	233	191	141	70	24
21	−6	21	63	123	171	197	239	233	189	138	74	26
22	−7	20	61	126	168	199	242	232	187	136	75	25
23	−8	20	62	129	166	201	242	231	185	135	73	23
24	−8	22	63	131	167	202	241	228	184	132	70	19
25	−7	22	66	133	166	204	240	226	184	130	66	17
26	−6	25	68	135	168	205	240	225	183	130	61	16
27	−4	28	71	136	172	206	240	224	180	128	57	14
28	−4	30	73	139	174	206	243	225	179	126	55	12
29	−4	32	75	140	175	206	245	227	178	125	54	11
30	−5		79	140	175	206	246	228	177	122	52	8
31	−6		81		176		246	227		119		6

[표 2] 일평균기온 (철원: 0.1 ℃), 강원

일	1월	2월	3월	4월	5월	6월	7월	8월	9월	10월	11월	12월
1	-54	-56	8	67	142	188	223	250	221	150	73	0
2	-55	-55	9	70	144	190	225	249	218	147	72	-5
3	-56	-53	9	75	148	192	226	249	216	144	72	-8
4	-56	-49	9	79	150	194	228	249	213	141	72	-11
5	-58	-42	9	83	151	197	230	248	211	140	73	-11
6	-59	-37	10	87	152	198	230	248	209	138	73	-7
7	-56	-35	12	92	153	200	231	249	207	137	72	-8
8	-54	-34	15	93	153	201	230	248	206	136	68	-8
9	-55	-33	18	95	151	202	229	247	203	135	65	-9
10	-55	-33	22	96	151	202	229	248	200	134	63	-14
11	-54	-30	26	97	150	205	230	248	196	132	60	-19
12	-56	-27	28	97	150	206	230	248	193	130	58	-22
13	-58	-24	31	98	152	208	231	248	191	126	54	-27
14	-56	-23	33	99	154	209	231	247	190	123	48	-29
15	-55	-22	35	102	157	212	232	246	189	120	41	-30
16	-53	-20	37	108	160	211	232	245	188	117	33	-34
17	-53	-20	39	111	161	210	233	241	185	114	27	-34
18	-52	-19	41	115	164	211	234	238	182	111	23	-33
19	-53	-15	44	120	166	211	237	236	178	109	20	-33
20	-53	-11	48	122	168	211	240	234	174	106	18	-31
21	-56	-10	50	122	171	212	241	232	171	104	20	-28
22	-59	-8	50	121	173	213	242	230	170	102	20	-27
23	-61	-6	49	120	173	214	242	228	168	101	19	-28
24	-61	-3	49	118	173	215	241	226	166	97	19	-34
25	-62	0	49	116	174	216	240	224	165	94	17	-40
26	-61	4	49	117	176	219	240	222	164	90	14	-44
27	-57	7	52	121	179	221	242	222	161	86	12	-52
28	-55	8	55	126	181	222	244	222	158	82	11	-57
29	-53	8	58	131	184	222	246	221	157	80	8	-57
30	-53		60	136	186	223	249	221	154	78	5	-57
31	-54		63		188		250	221		75		-56

[표 3] 일평균기온 (대관령: 0.1 ℃), 강원

일	1월	2월	3월	4월	5월	6월	7월	8월	9월	10월	11월	12월
1	-64	-82	-33	29	99	144	174	209	176	111	51	-21
2	-67	-79	-30	32	101	146	175	208	172	109	49	-22
3	-71	-76	-30	39	102	147	176	207	168	107	50	-25
4	-68	-71	-29	42	104	150	178	205	165	104	52	-27
5	-81	-67	-30	46	106	151	177	204	160	102	52	-27
6	-74	-64	-30	51	108	152	179	203	159	99	48	-26
7	-60	-63	-28	55	109	152	180	202	159	98	45	-28
8	-58	-64	-26	55	110	151	181	202	157	98	40	-29
9	-63	-64	-23	54	112	149	181	201	155	99	36	-31
10	-79	-62	-17	53	115	149	182	200	153	99	33	-36
11	-83	-58	-9	55	115	150	184	199	150	99	32	-40
12	-83	-54	-6	56	114	152	184	197	146	97	30	-44
13	-90	-49	-4	59	114	153	186	196	144	95	28	-49
14	-92	-48	-3	65	113	155	187	194	141	92	24	-49
15	-76	-47	-2	71	111	157	188	193	140	88	18	-50
16	-86	-46	-3	76	113	158	189	191	139	85	13	-53
17	-91	-46	-2	78	118	158	190	188	138	81	9	-53
18	-85	-48	1	80	122	158	193	187	137	77	7	-51
19	-86	-48	4	82	124	158	196	187	134	74	5	-50
20	-83	-47	6	83	126	159	199	185	129	71	4	-49
21	-86	-48	8	83	128	158	201	184	126	68	7	-48
22	-84	-49	6	86	126	159	203	182	125	67	6	-47
23	-78	-50	6	88	126	160	202	180	123	66	3	-49
24	-74	-49	6	90	127	162	200	178	122	65	1	-53
25	-78	-48	8	92	128	163	200	177	122	65	-3	-55
26	-80	-45	10	95	129	165	200	177	120	65	-9	-57
27	-86	-41	16	96	131	168	201	177	117	63	-13	-59
28	-91	-38	20	98	134	170	203	178	115	60	-15	-61
29	-80	-35	23	99	137	171	206	178	114	58	-17	-60
30	-88		26	99	140	173	208	179	113	55	-19	-62
31	-86		29		143		209	178		52		-63

[표 4] 일평균기온 (춘천: 0.1 ℃), 강원

일	1월	2월	3월	4월	5월	6월	7월	8월	9월	10월	11월	12월
1	-41	-43	15	76	150	197	232	262	227	158	84	10
2	-43	-43	17	80	154	199	233	261	224	156	81	6
3	-46	-41	19	85	157	202	234	259	222	153	79	3
4	-47	-39	19	89	159	205	236	258	219	150	79	0
5	-49	-35	20	94	160	206	238	256	217	149	80	-1
6	-50	-32	21	100	162	207	239	255	215	147	79	-1
7	-49	-29	23	106	162	208	240	256	214	145	79	-2
8	-46	-28	24	108	162	208	240	255	212	145	75	-2
9	-47	-26	28	110	163	209	239	255	208	145	72	-2
10	-47	-24	32	111	164	210	238	255	206	144	69	-6
11	-48	-20	36	110	162	212	239	255	202	143	66	-9
12	-51	-16	39	110	162	214	240	254	199	140	64	-12
13	-50	-12	42	111	163	215	240	254	197	137	61	-17
14	-49	-11	44	112	164	216	241	253	196	134	56	-21
15	-47	-9	45	114	165	218	241	252	195	130	50	-22
16	-45	-7	48	118	167	219	242	251	193	128	43	-26
17	-43	-6	50	121	169	219	242	248	192	124	37	-27
18	-43	-5	52	124	171	220	244	247	189	121	33	-26
19	-44	-4	56	128	173	221	247	245	186	117	31	-24
20	-44	-2	60	131	175	221	249	244	183	113	30	-22
21	-45	0	63	131	178	222	251	240	180	110	31	-19
22	-46	1	62	132	181	223	252	237	179	107	32	-18
23	-47	2	62	132	181	224	252	235	177	105	29	-18
24	-47	5	60	132	182	225	251	234	175	102	28	-22
25	-49	6	60	133	183	226	251	232	173	100	26	-27
26	-48	8	60	134	185	228	251	231	171	98	22	-31
27	-47	10	63	136	187	230	253	231	167	96	20	-35
28	-46	12	66	139	190	232	255	231	164	94	19	-39
29	-45	14	69	142	192	232	258	230	163	92	16	-40
30	-43		72	146	194	233	260	230	161	90	13	-41
31	-43		74		196		261	228		87		-41

[표 5] 일평균기온 (강릉: 0.1 ℃), 강원

일	1월	2월	3월	4월	5월	6월	7월	8월	9월	10월	11월	12월
1	14	0	39	94	160	194	221	261	230	180	124	57
2	11	2	41	99	162	196	222	261	228	179	123	56
3	8	5	42	105	162	198	225	260	225	178	123	53
4	8	8	44	108	164	202	228	259	221	176	125	50
5	7	12	43	112	165	204	229	259	218	175	126	49
6	6	16	42	115	166	204	231	259	217	171	123	48
7	8	17	44	116	166	202	232	258	217	170	120	47
8	9	17	47	115	167	202	232	257	215	169	113	47
9	9	17	50	114	168	202	232	256	214	169	108	46
10	8	18	55	113	169	203	233	256	213	169	104	43
11	5	21	59	114	167	205	233	255	210	168	103	41
12	2	24	61	115	166	206	234	254	207	167	101	38
13	2	26	61	118	167	205	235	253	205	165	99	32
14	2	25	63	122	169	204	236	252	203	163	95	31
15	2	24	64	128	170	203	239	249	203	159	90	29
16	5	23	66	132	173	204	241	246	202	157	84	25
17	6	22	69	134	179	204	243	244	202	154	79	25
18	5	22	71	135	183	206	246	241	201	150	77	27
19	4	25	73	137	186	208	250	241	199	147	76	28
20	3	28	73	138	190	210	252	240	195	144	76	30
21	1	29	73	139	191	210	254	240	193	141	80	32
22	−1	28	70	141	187	212	255	239	191	140	81	32
23	−2	28	70	144	185	214	254	237	189	140	79	30
24	−2	29	71	146	184	215	252	235	188	136	76	26
25	−1	29	75	147	183	217	251	233	187	135	73	25
26	1	32	76	150	184	219	251	232	186	136	67	23
27	3	34	80	152	188	221	252	231	183	134	63	22
28	3	36	83	155	190	221	255	232	182	132	61	20
29	4	38	85	157	192	221	258	233	181	132	60	19
30	3		89	158	192	221	260	234	179	129	58	16
31	2		91		193		261	232		125		15

[표 6] 일평균기온 (동해: 0.1 ℃), 강원

일	1월	2월	3월	4월	5월	6월	7월	8월	9월	10월	11월	12월
1	17	3	43	89	151	181	215	250	223	175	118	59
2	15	4	43	93	151	180	217	249	221	174	117	55
3	15	7	44	97	150	180	220	249	219	172	119	52
4	15	13	47	99	153	180	222	247	214	169	120	46
5	13	19	46	103	154	181	222	246	210	169	122	42
6	9	24	46	107	151	181	221	246	209	166	120	41
7	11	25	48	108	149	181	219	245	208	166	117	40
8	12	24	50	107	149	182	217	244	206	167	113	41
9	12	23	50	106	146	183	217	243	206	166	110	42
10	10	21	53	106	145	184	218	243	205	165	106	42
11	10	23	55	109	146	188	220	243	204	165	104	41
12	8	26	56	112	147	189	223	243	202	163	103	39
13	6	29	57	114	149	189	225	243	201	160	99	35
14	6	29	60	120	152	189	226	242	199	158	92	34
15	7	28	64	123	155	188	227	241	199	156	86	31
16	9	27	68	126	158	189	228	239	199	153	79	28
17	9	27	70	127	163	192	227	237	198	151	72	27
18	10	28	72	127	167	194	228	234	197	148	70	27
19	7	31	74	127	171	197	232	234	194	146	69	26
20	5	36	74	127	174	201	236	233	189	143	68	28
21	3	37	73	126	177	201	238	233	185	140	71	31
22	1	36	73	128	175	202	240	233	182	139	75	32
23	0	37	75	131	174	203	240	232	180	138	76	31
24	3	37	75	132	175	206	238	228	180	134	76	29
25	5	36	78	135	173	208	238	226	181	130	76	27
26	6	39	80	138	172	211	237	225	181	129	74	25
27	8	40	82	143	174	212	239	224	180	125	70	22
28	7	41	83	146	176	213	242	224	179	123	66	19
29	7	42	84	148	177	213	246	224	178	123	64	19
30	5		87	149	179	213	248	225	176	122	62	16
31	3		88		181		250	225		120		16

[표 7] 일평균기온 (원주: 0.1 ℃), 강원

일	1월	2월	3월	4월	5월	6월	7월	8월	9월	10월	11월	12월
1	−37	−41	16	77	154	198	234	263	229	159	85	11
2	−38	−40	19	81	156	200	235	262	227	156	82	8
3	−41	−39	20	86	160	202	235	261	224	154	81	5
4	−42	−37	20	90	161	205	237	260	221	151	81	1
5	−45	−33	21	95	162	207	238	258	219	149	83	1
6	−47	−29	21	101	164	208	240	258	218	147	83	2
7	−45	−26	24	106	165	209	241	258	216	146	83	0
8	−42	−25	26	108	164	210	241	257	214	146	80	1
9	−41	−23	29	110	164	211	239	257	210	146	76	2
10	−41	−22	33	112	165	212	238	257	207	146	72	−1
11	−42	−19	37	110	165	213	238	256	203	144	70	−4
12	−44	−15	41	110	164	214	239	256	200	142	67	−6
13	−44	−11	44	111	164	216	240	256	198	139	64	−12
14	−44	−10	46	112	165	217	241	255	197	135	58	−16
15	−44	−8	47	114	164	219	242	254	195	132	52	−18
16	−42	−6	49	119	166	221	243	252	194	129	44	−22
17	−40	−5	51	122	168	221	243	250	194	127	38	−24
18	−40	−4	54	126	170	222	245	248	192	123	35	−22
19	−42	−3	58	130	173	222	247	247	189	119	32	−20
20	−41	−1	63	133	176	223	250	245	186	116	31	−18
21	−43	1	65	133	180	223	251	242	183	112	34	−14
22	−44	2	65	133	182	223	252	240	181	109	35	−14
23	−46	3	64	133	183	224	252	238	178	107	33	−15
24	−45	5	61	133	184	225	252	237	176	105	31	−19
25	−46	6	61	133	185	226	253	235	175	103	29	−24
26	−46	8	61	135	186	228	254	235	172	101	24	−28
27	−45	10	64	138	188	230	256	235	169	98	21	−32
28	−44	13	67	142	191	232	258	234	166	96	19	−36
29	−43	15	70	146	193	232	261	233	164	94	17	−37
30	−41		73	150	195	234	263	233	162	92	15	−38
31	−41		75		197		263	231		89		−37

[표 8] 일평균기온 (영월: 0.1 ℃), 강원

일	1월	2월	3월	4월	5월	6월	7월	8월	9월	10월	11월	12월
1	-41	-44	18	69	153	186	228	255	221	161	82	12
2	-40	-43	19	71	157	190	229	255	219	157	79	6
3	-40	-41	20	77	161	192	228	256	217	153	77	1
4	-40	-37	18	80	162	195	229	254	213	148	76	-3
5	-42	-31	18	87	163	197	229	251	211	146	75	-7
6	-46	-27	18	94	163	198	228	251	209	144	76	-8
7	-47	-24	21	100	162	199	229	252	207	143	77	-9
8	-47	-22	24	102	157	202	229	250	206	144	75	-11
9	-47	-21	28	105	154	203	228	249	205	144	73	-10
10	-45	-21	31	107	151	203	228	249	203	143	71	-11
11	-43	-19	35	106	150	205	229	247	201	140	67	-12
12	-41	-16	36	107	151	205	229	247	199	138	64	-13
13	-40	-14	39	109	153	206	230	246	196	132	59	-13
14	-39	-13	43	110	156	206	231	245	194	127	51	-15
15	-39	-13	48	112	160	209	231	246	192	122	44	-15
16	-36	-12	51	118	163	210	232	245	191	121	35	-19
17	-35	-11	53	121	164	212	233	242	190	119	25	-21
18	-32	-9	54	124	165	214	235	239	188	118	21	-24
19	-33	-7	56	128	167	215	238	239	184	119	19	-25
20	-33	-3	58	131	169	215	242	236	180	118	19	-24
21	-36	1	58	130	171	215	243	234	177	115	23	-20
22	-39	5	57	129	173	215	244	232	174	114	27	-18
23	-43	9	57	128	175	214	245	230	172	112	29	-17
24	-41	13	56	127	176	215	245	226	172	108	29	-22
25	-40	14	57	125	177	215	245	224	172	105	29	-28
26	-40	16	59	127	177	218	245	224	170	100	28	-33
27	-38	17	61	131	179	221	246	224	168	95	27	-37
28	-36	17	63	137	179	224	247	224	166	91	24	-42
29	-38	18	65	143	180	225	249	224	166	90	19	-43
30	-40		67	149	182	227	252	224	164	89	17	-43
31	-43		68		185		255	223		86		-42

[표 9] 일평균기온 (인제: 0.1 ℃), 강원

일	1월	2월	3월	4월	5월	6월	7월	8월	9월	10월	11월	12월
1	-44	-51	5	66	139	180	217	248	214	149	76	7
2	-47	-51	7	70	142	182	218	248	211	146	74	4
3	-50	-49	9	76	146	184	219	246	208	144	73	1
4	-51	-47	10	80	147	187	221	245	206	141	73	-2
5	-53	-42	10	85	148	189	222	244	203	139	75	-3
6	-55	-38	10	90	149	190	223	243	202	136	74	-2
7	-52	-35	13	95	149	191	224	243	200	135	73	-4
8	-50	-33	15	97	148	191	225	243	198	135	69	-4
9	-50	-33	19	98	149	192	224	242	196	135	66	-4
10	-51	-31	23	97	151	193	224	242	194	135	63	-8
11	-53	-28	28	97	149	195	225	242	190	133	61	-10
12	-56	-24	30	97	148	197	226	241	187	131	60	-13
13	-56	-20	32	98	148	199	226	241	185	127	57	-19
14	-55	-18	34	100	149	200	226	240	184	124	52	-22
15	-54	-17	36	104	150	201	227	238	182	121	46	-25
16	-52	-16	38	110	152	202	228	236	181	118	38	-30
17	-50	-15	41	112	155	203	229	234	180	115	31	-30
18	-50	-15	43	115	158	204	231	232	178	111	28	-29
19	-52	-14	46	118	160	205	234	230	175	107	26	-27
20	-52	-10	49	120	162	206	237	229	172	104	24	-25
21	-55	-9	51	120	165	207	238	226	169	100	27	-21
22	-56	-8	50	121	166	207	239	224	168	98	28	-20
23	-56	-8	50	122	166	207	238	222	165	96	26	-21
24	-56	-5	49	122	167	208	238	221	163	95	24	-25
25	-56	-5	49	122	168	209	237	218	161	92	22	-30
26	-56	-3	50	124	168	211	237	218	159	90	18	-34
27	-54	0	53	126	170	214	239	217	156	88	16	-39
28	-53	2	56	129	172	216	241	217	154	86	15	-44
29	-52	4	59	131	174	216	244	217	153	84	13	-44
30	-50		62	135	176	217	247	216	150	82	11	-45
31	-50		65		179		248	215		79		-46

[표 10] 일평균기온 (홍천: 0.1 ℃), 강원

일	1월	2월	3월	4월	5월	6월	7월	8월	9월	10월	11월	12월
1	-49	-53	6	67	144	188	227	257	223	150	74	0
2	-51	-52	9	71	147	191	228	256	220	148	71	-3
3	-54	-50	11	75	150	193	228	255	217	145	70	-6
4	-56	-48	11	79	151	196	230	253	214	142	71	-10
5	-58	-44	12	85	151	198	231	251	212	140	72	-11
6	-60	-41	12	91	152	199	232	251	210	138	72	-10
7	-58	-38	14	97	153	200	234	251	209	137	71	-11
8	-55	-37	17	99	153	201	234	251	207	137	67	-11
9	-55	-35	20	102	154	201	233	250	203	136	64	-11
10	-56	-33	23	103	156	203	232	251	200	136	61	-14
11	-56	-30	27	102	154	205	233	250	196	134	58	-18
12	-59	-26	30	101	154	206	234	250	193	132	55	-21
13	-58	-22	33	102	154	207	234	250	191	129	52	-25
14	-57	-21	36	103	155	209	235	249	190	125	47	-29
15	-56	-19	37	105	155	210	236	248	188	121	40	-31
16	-54	-17	40	109	158	211	237	246	187	119	34	-35
17	-52	-16	42	112	160	212	238	244	185	115	28	-36
18	-52	-15	45	116	162	213	239	242	183	112	24	-35
19	-53	-13	49	120	164	214	242	240	180	108	22	-33
20	-53	-11	52	122	166	215	245	239	177	104	21	-31
21	-55	-9	55	122	170	216	246	235	174	100	23	-27
22	-56	-7	55	123	172	217	247	233	172	97	23	-26
23	-57	-6	54	123	172	218	247	231	169	95	21	-27
24	-57	-4	52	123	174	219	247	229	167	93	19	-32
25	-59	-3	52	123	175	220	247	228	165	91	17	-37
26	-59	-1	52	125	176	222	248	227	163	88	13	-41
27	-58	1	55	128	178	224	249	227	160	86	10	-45
28	-57	4	57	132	180	226	251	228	156	84	9	-49
29	-55	5	61	136	182	226	254	226	155	82	7	-49
30	-53		64	140	185	227	256	226	153	80	4	-50
31	-53		66		187		257	224		77		-50

[표 11] 일평균기온 (태백: 0.1 ℃), 강원

일	1월	2월	3월	4월	5월	6월	7월	8월	9월	10월	11월	12월
1	-41	-56	-7	53	123	162	195	228	191	130	68	2
2	-44	-56	-5	56	126	163	195	227	189	129	66	0
3	-46	-53	-5	61	128	164	196	225	187	127	68	-3
4	-46	-47	-4	64	130	166	198	222	184	125	69	-5
5	-47	-41	-5	67	133	168	199	220	179	123	70	-6
6	-49	-36	-5	71	133	169	201	219	178	121	68	-6
7	-46	-33	-3	74	133	168	201	219	177	119	67	-7
8	-44	-33	0	75	132	169	202	218	175	119	61	-7
9	-45	-32	3	75	131	169	202	218	174	119	58	-9
10	-46	-31	9	75	129	170	202	218	173	118	55	-12
11	-47	-28	15	77	130	173	202	218	170	117	55	-14
12	-49	-25	17	77	129	175	202	217	167	116	54	-16
13	-49	-23	18	77	129	176	203	216	165	113	51	-20
14	-47	-25	19	81	132	177	204	214	162	110	46	-22
15	-46	-26	20	86	133	177	204	212	161	107	39	-23
16	-44	-28	21	92	137	177	205	209	159	105	31	-26
17	-45	-28	23	97	142	178	207	207	158	101	23	-27
18	-44	-28	25	100	147	179	210	206	157	97	21	-24
19	-47	-25	27	104	151	180	214	207	155	94	19	-23
20	-48	-21	29	105	154	181	217	206	150	91	19	-23
21	-50	-20	29	104	154	180	219	206	147	89	22	-21
22	-54	-20	28	104	152	180	220	204	144	89	24	-19
23	-57	-19	28	104	150	181	218	202	142	90	24	-20
24	-57	-17	29	103	148	183	216	199	139	86	23	-25
25	-57	-17	31	103	147	186	215	197	140	84	20	-27
26	-56	-12	33	107	146	190	216	196	139	82	16	-30
27	-52	-10	36	110	148	193	217	195	136	79	13	-35
28	-50	-9	39	115	150	195	220	194	133	75	8	-39
29	-49	-8	43	118	152	194	224	194	132	74	6	-39
30	-51		47	120	157	195	227	194	131	73	5	-42
31	-53		50		160		228	193		70		-43

[표 12] 일평균기온 (동두천: 0.1 ℃), 경기

일	1월	2월	3월	4월	5월	6월	7월	8월	9월	10월	11월	12월
1	-43	-36	20	78	152	196	230	253	229	163	89	20
2	-42	-37	21	82	157	201	232	254	227	157	87	16
3	-41	-36	20	86	162	204	233	254	225	154	85	12
4	-41	-32	17	87	162	207	235	254	223	153	84	6
5	-45	-25	14	90	161	207	237	253	221	153	86	-1
6	-50	-19	12	95	163	207	239	254	218	154	87	-1
7	-50	-16	14	100	162	207	238	256	215	155	86	-1
8	-49	-13	19	104	159	207	237	256	214	155	84	0
9	-52	-13	24	109	157	209	234	256	212	153	81	0
10	-50	-17	29	113	156	209	232	256	210	150	75	0
11	-48	-16	34	112	154	210	231	255	207	146	69	-6
12	-49	-14	36	113	155	210	232	253	206	141	63	-12
13	-49	-15	40	113	157	209	234	252	204	135	55	-17
14	-46	-15	46	112	160	208	234	252	203	130	45	-19
15	-44	-12	52	114	163	210	235	253	203	127	39	-22
16	-37	-11	59	121	163	211	235	252	203	126	32	-27
17	-31	-10	62	125	162	212	235	248	201	125	27	-27
18	-27	-7	63	128	164	215	237	244	198	123	26	-29
19	-28	-3	65	132	167	218	240	242	194	123	27	-31
20	-28	5	68	133	169	219	243	239	188	121	27	-29
21	-33	8	66	129	174	219	243	237	185	118	33	-23
22	-37	11	66	126	178	218	245	236	183	116	39	-22
23	-40	15	63	125	181	219	245	235	181	115	39	-23
24	-38	18	61	121	183	219	245	233	180	112	38	-29
25	-36	16	60	118	184	220	246	233	181	109	38	-36
26	-35	18	58	119	186	223	247	232	179	106	34	-41
27	-34	19	58	123	188	226	249	232	178	100	28	-46
28	-32	19	61	128	189	227	250	234	175	96	25	-49
29	-31	20	65	136	190	229	251	233	172	95	24	-48
30	-32		68	145	191	230	251	231	167	94	24	-46
31	-34		73		194		252	230		90		-45

[표 13] 일평균기온 (백령도: 0.1 ℃), 경기

일	1월	2월	3월	4월	5월	6월	7월	8월	9월	10월	11월	12월
1	−15	−16	15	63	121	174	204	240	219	173	109	47
2	−15	−16	14	68	123	177	206	241	219	169	106	43
3	−15	−17	10	71	128	179	209	243	218	167	103	37
4	−15	−15	6	72	129	182	212	244	216	166	103	26
5	−17	−11	6	74	130	182	213	245	215	165	105	20
6	−18	−7	9	77	134	181	215	245	212	163	105	19
7	−16	−5	14	81	136	183	216	244	210	164	102	19
8	−14	−4	19	85	134	185	215	244	209	164	99	20
9	−16	−5	24	88	132	187	214	244	208	163	96	21
10	−18	−8	28	90	129	188	213	243	207	162	90	22
11	−21	−6	28	89	128	187	213	242	206	161	86	19
12	−25	−5	29	87	133	187	214	242	207	158	81	16
13	−26	−4	32	86	136	188	216	240	206	155	72	13
14	−25	−2	35	86	138	187	217	239	207	154	65	11
15	−20	1	37	90	141	188	218	238	209	153	61	6
16	−15	2	40	95	141	190	218	237	209	151	54	4
17	−9	4	41	97	139	190	218	235	207	149	52	3
18	−6	8	44	99	140	190	219	235	204	145	56	3
19	−7	16	48	101	144	191	221	234	200	140	58	3
20	−11	20	50	100	146	192	223	234	194	137	59	8
21	−17	19	51	96	150	192	224	235	190	133	66	11
22	−21	19	52	94	154	193	224	233	189	131	69	10
23	−24	18	49	94	157	196	225	231	188	129	67	7
24	−22	14	47	94	160	197	227	230	188	125	66	2
25	−18	13	46	95	164	198	229	228	189	122	64	−3
26	−14	16	45	100	168	200	232	226	188	119	59	−7
27	−11	17	45	105	170	201	236	224	186	115	54	−9
28	−9	16	47	109	170	201	238	223	184	115	51	−13
29	−8	16	50	114	169	201	239	222	180	117	54	−14
30	−10		54	120	168	203	239	220	176	115	52	−15
31	−12		59		170		239	218		111		−15

[표 14] 일평균기온 (서울: 0.1 ℃), 경기

일	1월	2월	3월	4월	5월	6월	7월	8월	9월	10월	11월	12월
1	−19	−24	28	86	159	203	235	267	240	180	106	29
2	−22	−23	31	90	161	205	236	267	237	177	104	26
3	−24	−20	32	95	164	208	237	266	235	174	104	22
4	−24	−17	31	99	165	211	239	266	233	172	106	18
5	−25	−12	32	104	166	213	241	265	232	171	107	17
6	−26	−9	33	110	167	214	243	265	231	169	106	19
7	−23	−7	34	114	169	215	244	266	229	169	104	19
8	−21	−6	36	117	168	216	244	265	228	169	98	20
9	−22	−5	39	119	168	217	243	264	225	169	93	19
10	−23	−4	43	120	169	217	242	265	222	168	89	16
11	−25	−1	48	119	169	219	242	265	219	166	87	13
12	−27	2	52	118	169	221	243	265	217	163	84	9
13	−27	5	55	119	170	223	243	265	215	160	81	4
14	−26	5	58	119	171	224	244	264	215	156	76	2
15	−25	7	59	121	171	225	244	263	214	152	70	0
16	−23	8	59	126	173	225	245	262	213	149	63	−4
17	−21	9	61	129	174	225	245	260	212	147	58	−4
18	−21	10	64	133	175	225	247	258	209	143	55	−2
19	−22	11	68	138	178	225	249	256	206	140	53	0
20	−23	13	73	139	181	226	252	254	203	138	54	2
21	−25	14	75	139	185	227	253	251	201	134	56	4
22	−27	15	75	139	188	228	255	249	200	131	56	4
23	−28	16	72	139	189	230	256	247	198	129	54	1
24	−28	18	70	137	189	230	257	246	196	126	53	−3
25	−28	19	69	138	191	231	258	244	194	124	48	−7
26	−27	22	69	140	192	232	259	243	192	122	43	−9
27	−25	24	73	143	195	234	260	242	189	120	40	−13
28	−24	26	76	147	198	234	262	243	186	118	38	−16
29	−23	27	80	151	200	234	264	241	185	116	36	−17
30	−22		82	156	201	235	266	241	183	113	33	−18
31	−23		84		203		267	241		109		−19

[표 15] 일평균기온 (인천: 0.1 ℃), 경기

일	1월	2월	3월	4월	5월	6월	7월	8월	9월	10월	11월	12월
1	−14	−22	26	78	146	187	225	259	237	181	110	33
2	−17	−21	29	82	147	189	226	259	235	178	109	31
3	−19	−19	29	85	150	192	227	259	233	176	108	27
4	−20	−16	29	88	151	195	227	258	231	173	110	23
5	−21	−12	29	93	152	196	229	258	229	172	111	22
6	−22	−8	30	97	153	198	231	259	229	170	108	24
7	−18	−7	31	101	154	200	232	260	226	170	105	24
8	−17	−6	33	104	153	200	234	260	225	170	100	25
9	−19	−5	36	106	154	201	234	259	223	169	96	24
10	−20	−3	40	108	155	202	234	260	220	168	93	22
11	−22	0	44	107	155	204	234	260	217	166	91	18
12	−25	2	47	106	156	206	234	260	216	164	88	14
13	−25	4	50	107	157	209	235	260	214	162	84	10
14	−24	5	53	106	158	210	235	259	213	158	79	8
15	−22	6	54	108	159	211	236	257	212	155	73	5
16	−20	7	54	113	160	212	237	257	211	152	66	1
17	−19	7	56	116	160	212	238	255	209	149	62	0
18	−19	8	58	120	161	212	239	254	208	145	60	2
19	−20	10	61	125	164	212	241	252	205	142	59	2
20	−21	11	65	126	166	213	243	251	203	140	59	5
21	−23	11	67	126	170	214	245	248	201	137	61	7
22	−24	12	67	126	173	216	247	246	200	134	61	7
23	−25	14	65	126	174	218	248	243	197	132	59	5
24	−25	15	63	125	175	219	249	242	195	129	57	1
25	−26	16	63	126	178	219	251	241	194	127	53	−3
26	−24	19	63	128	179	221	253	240	191	125	47	−5
27	−22	21	65	131	182	222	254	239	188	123	43	−9
28	−21	23	68	135	184	222	255	240	187	121	41	−12
29	−20	25	71	139	185	223	256	239	186	119	38	−12
30	−20		74	143	185	225	258	239	184	116	37	−14
31	−21		76		186		258	238		112		−14

[표 16] 일평균기온 (수원: 0.1), 경기

일	1월	2월	3월	4월	5월	6월	7월	8월	9월	10월	11월	12월
1	−22	−29	23	79	152	196	234	266	238	174	98	25
2	−24	−28	25	82	154	197	235	266	236	171	96	22
3	−27	−27	26	86	157	200	235	265	234	168	95	18
4	−29	−25	25	90	158	203	237	264	231	165	96	15
5	−30	−21	26	95	160	205	238	263	230	164	98	15
6	−31	−17	27	100	161	207	240	263	228	162	97	16
7	−28	−15	29	105	163	209	241	264	226	161	96	15
8	−26	−14	31	107	162	209	242	264	225	161	93	16
9	−26	−12	35	110	162	210	242	263	222	161	89	16
10	−27	−11	38	111	163	212	241	264	220	160	85	13
11	−28	−8	42	110	163	213	242	263	216	158	83	10
12	−31	−4	45	109	163	215	243	263	214	155	80	7
13	−31	−1	49	110	164	217	243	263	212	152	77	2
14	−30	0	52	110	165	218	244	262	211	148	71	−1
15	−29	2	53	112	165	220	245	261	210	145	64	−3
16	−27	3	54	116	166	221	246	260	209	142	57	−8
17	−26	3	55	120	167	221	246	259	207	140	52	−9
18	−26	4	57	124	169	221	247	258	205	136	49	−7
19	−28	5	61	129	173	221	249	256	202	133	47	−6
20	−28	6	64	131	176	222	251	254	199	130	47	−4
21	−30	7	67	131	179	223	252	251	196	126	50	−1
22	−31	9	67	131	182	224	254	248	195	124	50	−1
23	−33	10	65	130	183	226	255	245	192	122	48	−3
24	−32	12	64	130	184	227	257	244	191	119	47	−7
25	−34	13	63	131	186	227	258	243	189	116	44	−11
26	−33	16	63	133	187	228	260	242	186	115	39	−14
27	−31	18	65	136	190	230	261	242	183	112	36	−17
28	−30	20	69	140	192	231	263	242	181	109	34	−20
29	−29	22	72	145	193	232	264	240	180	107	31	−21
30	−27		74	149	194	233	266	240	177	105	28	−22
31	−28		77		196		266	239		100		−22

[표 17] 일평균기온 (강화: 0.1 ℃), 경기

일	1월	2월	3월	4월	5월	6월	7월	8월	9월	10월	11월	12월
1	-30	-36	16	73	140	181	220	254	228	167	94	17
2	-33	-35	19	76	142	183	221	254	226	164	92	14
3	-36	-34	20	79	145	185	222	253	223	161	91	11
4	-37	-32	20	83	146	188	224	252	221	158	92	8
5	-39	-28	21	87	146	190	226	252	219	157	94	7
6	-40	-25	21	91	148	191	228	252	217	155	93	9
7	-37	-22	22	95	149	192	228	253	215	155	91	8
8	-36	-20	25	98	148	193	229	253	214	154	87	9
9	-37	-19	27	102	148	195	229	253	212	154	83	8
10	-38	-17	31	103	149	196	229	253	209	152	80	5
11	-40	-13	35	104	150	198	229	253	206	151	78	1
12	-43	-11	37	103	150	200	230	252	204	149	74	-2
13	-42	-8	40	103	152	202	231	252	202	145	70	-7
14	-41	-8	43	102	153	204	231	251	201	142	64	-9
15	-40	-6	44	103	153	205	231	250	200	139	58	-12
16	-38	-5	46	107	154	206	232	249	200	136	50	-16
17	-36	-4	48	110	155	206	233	248	198	133	46	-16
18	-36	-3	50	114	156	206	234	246	196	130	43	-15
19	-37	-1	53	118	158	207	237	245	193	127	41	-15
20	-37	0	58	121	161	208	239	243	190	123	41	-12
21	-39	1	60	122	164	210	240	240	187	120	44	-10
22	-40	3	59	122	167	211	241	237	186	117	44	-10
23	-42	4	59	121	169	213	242	234	183	115	41	-12
24	-42	5	57	121	170	215	243	234	181	112	40	-16
25	-42	7	57	121	172	215	244	232	179	110	36	-20
26	-42	9	57	121	174	216	246	231	177	108	31	-22
27	-40	12	59	124	176	217	248	231	174	106	27	-26
28	-38	14	62	128	178	218	249	232	172	104	25	-29
29	-36	15	65	132	179	219	251	231	172	102	23	-30
30	-35		67	137	180	220	253	230	169	100	21	-31
31	-35		70		180		253	229		96		-31

[표 18] 일평균기온(양평: 0.1 ℃), 경기

일	1월	2월	3월	4월	5월	6월	7월	8월	9월	10월	11월	12월
1	−32	−34	24	81	157	198	234	261	232	163	85	16
2	−32	−33	26	84	160	200	236	260	230	159	82	11
3	−32	−32	27	89	164	202	237	260	227	156	82	7
4	−32	−28	26	92	165	204	239	259	224	152	82	2
5	−34	−23	27	98	165	206	241	256	221	151	82	0
6	−37	−20	28	103	166	207	242	256	219	149	83	2
7	−36	−18	30	107	166	209	242	257	217	149	84	2
8	−34	−16	33	108	163	210	242	257	215	150	83	2
9	−36	−16	35	110	161	212	240	257	213	149	82	2
10	−35	−16	37	110	160	213	238	256	210	148	81	1
11	−34	−13	40	109	159	214	239	256	207	145	78	−3
12	−34	−11	42	110	160	215	240	256	205	143	75	−7
13	−34	−8	45	111	162	217	241	255	204	139	70	−10
14	−33	−8	49	112	164	218	242	255	203	134	63	−13
15	−32	−7	52	115	166	220	243	254	202	131	55	−16
16	−32	−6	56	121	168	222	243	253	200	129	47	−21
17	−32	−4	58	125	169	222	243	250	198	127	39	−21
18	−31	−3	59	130	171	222	245	248	196	125	34	−21
19	−34	1	61	135	173	224	248	247	192	124	31	−21
20	−35	4	64	138	176	224	251	245	187	121	28	−19
21	−36	7	64	138	180	224	252	242	184	118	29	−15
22	−38	9	63	136	182	224	253	240	182	116	31	−14
23	−39	12	62	135	183	224	254	237	179	114	31	−15
24	−36	15	62	132	184	225	254	235	178	110	31	−18
25	−35	17	63	131	185	225	254	234	178	106	31	−22
26	−34	20	64	131	185	228	255	233	175	102	30	−25
27	−32	23	68	134	187	230	256	233	173	99	29	−29
28	−31	23	71	140	189	232	258	234	171	95	26	−33
29	−31	24	73	145	192	232	259	233	169	93	24	−34
30	−32		75	152	194	233	260	234	166	92	22	−34
31	−33		78		197		261	233		88		−34

[표 19] 일평균기온 (이천: 0.1 ℃), 경기

일	1월	2월	3월	4월	5월	6월	7월	8월	9월	10월	11월	12월
1	-30	-32	25	79	158	197	234	262	226	165	89	17
2	-29	-32	27	81	162	200	234	262	225	160	87	11
3	-30	-29	28	86	165	202	233	262	222	157	85	7
4	-31	-25	26	89	167	204	234	260	219	153	85	3
5	-34	-21	27	95	167	206	235	258	217	151	84	-1
6	-38	-17	27	101	167	207	236	258	216	150	84	-1
7	-39	-14	30	106	167	209	236	258	214	150	85	-2
8	-39	-12	34	109	163	210	237	257	214	150	82	-3
9	-39	-12	38	112	161	212	236	257	212	149	80	-2
10	-38	-11	40	115	159	213	235	256	210	147	78	-3
11	-36	-9	44	114	157	213	236	255	207	144	75	-5
12	-34	-6	46	115	158	214	238	255	205	142	71	-7
13	-33	-4	48	116	161	214	239	255	203	138	65	-8
14	-31	-4	51	117	164	214	240	255	201	133	57	-9
15	-30	-4	55	118	168	217	240	255	200	129	50	-10
16	-28	-4	59	124	170	218	241	253	199	128	40	-14
17	-26	-3	61	127	171	220	240	250	197	126	32	-15
18	-23	-1	63	129	173	222	242	248	195	124	28	-18
19	-25	3	64	134	176	223	245	247	190	125	26	-19
20	-25	7	66	136	178	224	248	244	185	123	26	-17
21	-27	11	66	134	180	223	249	242	182	121	29	-12
22	-30	14	65	133	183	222	251	241	180	120	33	-11
23	-34	17	64	132	185	222	251	238	178	119	34	-11
24	-32	21	64	129	186	222	252	235	178	116	34	-15
25	-31	22	64	129	187	222	252	233	179	112	35	-21
26	-30	24	65	131	188	225	253	232	177	109	34	-26
27	-29	25	68	135	190	227	254	231	175	105	32	-30
28	-27	25	70	141	191	230	256	231	172	100	30	-34
29	-29	25	73	147	192	231	257	230	171	99	26	-34
30	-30		74	153	193	233	259	229	168	97	22	-33
31	-31		77		195		262	228		93		-32

[표 20] 일평균기온 (충주: 0.1 ℃), 충북

일	1월	2월	3월	4월	5월	6월	7월	8월	9월	10월	11월	12월
1	−31	−43	13	77	149	195	234	262	232	158	82	6
2	−34	−42	18	81	150	197	235	260	228	155	78	4
3	−38	−40	21	85	152	200	236	259	225	153	78	2
4	−39	−38	22	89	154	203	237	257	221	150	80	0
5	−42	−35	24	95	156	205	238	257	217	148	81	3
6	−44	−32	26	100	158	207	239	258	216	145	81	6
7	−40	−28	26	103	162	208	240	258	214	143	81	6
8	−36	−27	27	105	164	208	241	258	213	141	77	6
9	−36	−25	29	106	165	208	240	257	210	142	72	6
10	−36	−21	33	106	167	210	239	257	206	142	70	1
11	−37	−17	37	105	167	212	239	257	202	142	69	−2
12	−41	−13	42	106	166	214	239	257	199	141	68	−3
13	−41	−7	46	107	165	217	239	257	196	139	67	−7
14	−41	−6	47	108	166	219	240	255	194	136	66	−10
15	−41	−4	46	110	163	221	241	253	191	132	60	−12
16	−41	−2	46	115	165	221	243	251	190	129	53	−16
17	−41	−1	46	117	167	221	244	250	188	125	48	−18
18	−45	−1	49	121	169	220	246	250	186	120	44	−17
19	−48	−1	54	126	172	221	248	249	183	116	38	−15
20	−46	−3	59	130	175	221	251	248	181	111	38	−13
21	−46	−2	62	132	179	221	251	244	180	108	39	−11
22	−45	−2	62	134	181	222	253	241	179	105	37	−12
23	−43	−3	62	136	182	224	254	238	178	103	34	−14
24	−43	−1	61	137	182	225	255	237	175	101	33	−17
25	−46	1	62	140	182	226	255	234	173	99	28	−20
26	−48	2	62	142	182	228	257	234	170	97	22	−23
27	−48	4	67	144	184	229	258	234	166	96	18	−26
28	−48	9	70	146	186	231	260	234	163	94	17	−29
29	−46	11	73	147	189	231	261	233	162	92	14	−30
30	−43		74	148	192	233	263	235	160	89	10	−32
31	−43		76		194		263	234		86		−32

[표 21] 일평균기온(청주: 0.1 ℃), 충북

일	1월	2월	3월	4월	5월	6월	7월	8월	9월	10월	11월	12월
1	−18	−24	27	88	162	205	241	271	239	174	98	27
2	−19	−23	30	91	164	208	242	270	236	171	95	24
3	−22	−21	31	96	167	210	243	269	235	168	95	20
4	−23	−19	31	100	168	213	244	268	232	165	96	17
5	−25	−15	31	105	170	215	245	267	230	163	98	16
6	−27	−11	32	110	171	216	246	268	228	160	97	17
7	−25	−9	33	114	172	217	247	268	226	159	97	17
8	−22	−8	35	116	172	218	248	267	224	160	94	17
9	−22	−6	39	117	172	219	246	266	222	160	90	18
10	−21	−5	43	119	173	220	245	265	219	159	87	15
11	−22	−2	48	117	172	221	246	265	216	157	85	13
12	−25	1	51	118	173	222	246	264	213	155	82	11
13	−25	4	54	119	173	223	247	264	211	152	79	6
14	−25	5	57	120	173	224	249	263	209	149	73	2
15	−25	7	58	121	173	226	249	262	208	145	66	1
16	−23	8	59	127	175	227	250	260	207	143	59	−4
17	−22	9	61	130	176	228	252	259	206	140	54	−5
18	−22	10	65	134	179	228	254	258	204	137	51	−4
19	−23	11	69	139	183	229	256	257	201	134	48	−3
20	−23	13	73	141	186	229	259	255	198	131	49	−1
21	−25	14	76	141	189	229	260	252	196	127	51	2
22	−26	15	75	141	191	229	261	249	194	124	52	1
23	−27	17	73	141	192	230	261	247	191	121	50	0
24	−26	18	71	140	193	231	262	246	189	119	49	−4
25	−27	19	71	141	194	232	263	245	187	116	46	−8
26	−27	21	71	144	195	233	266	245	185	115	42	−11
27	−25	22	75	147	197	236	267	244	182	112	38	−13
28	−25	24	78	152	199	238	268	244	179	110	36	−17
29	−24	26	81	156	201	238	270	242	178	108	34	−18
30	−23		83	159	203	240	271	242	176	106	31	−19
31	−23		86		205		271	240		102		−19

[표 22] 일평균기온 (추풍령: 0.1 ℃), 충북

일	1월	2월	3월	4월	5월	6월	7월	8월	9월	10월	11월	12월
1	−15	−23	23	84	152	192	226	255	223	162	94	26
2	−16	−22	26	86	155	195	226	254	222	161	91	23
3	−18	−20	28	92	157	197	226	253	219	159	91	20
4	−19	−17	28	96	159	201	228	252	216	155	91	16
5	−20	−12	28	100	161	203	229	250	213	153	92	15
6	−22	−8	28	105	162	203	228	251	212	149	92	15
7	−20	−6	30	108	163	204	230	251	210	147	92	14
8	−17	−5	32	108	162	203	231	250	208	147	88	14
9	−17	−4	35	110	163	203	229	249	206	147	84	15
10	−17	−3	40	110	163	203	229	248	204	146	81	13
11	−18	−1	44	110	162	204	229	247	202	146	79	12
12	−20	2	47	112	162	205	229	247	200	145	77	9
13	−21	5	50	114	162	206	230	246	197	144	74	5
14	−22	5	51	115	162	208	231	245	195	141	69	2
15	−22	6	53	118	162	210	233	244	193	137	63	1
16	−21	5	53	122	164	211	234	242	191	134	57	−3
17	−20	5	56	125	166	213	236	241	190	130	51	−4
18	−20	6	59	128	169	214	238	240	188	127	48	−2
19	−20	7	64	132	172	215	241	240	187	124	46	0
20	−20	8	67	134	175	215	243	239	184	122	46	1
21	−22	10	70	135	178	214	244	237	181	119	48	4
22	−23	11	68	135	180	213	245	235	179	117	48	3
23	−25	11	66	136	180	213	245	233	177	115	47	1
24	−25	13	65	136	181	213	245	231	175	112	46	−2
25	−25	14	66	137	182	214	246	229	172	109	43	−5
26	−25	15	66	139	182	217	248	230	170	108	39	−8
27	−23	18	70	142	183	220	249	229	168	106	36	−10
28	−22	20	74	145	184	223	251	228	164	104	34	−13
29	−21	22	77	148	186	223	253	227	164	102	32	−14
30	−20		79	150	188	224	255	227	163	101	29	−15
31	−21		82		190		256	225		97		−16

[표 23] 일평균기온 (성산: 0.1 ℃), 충북

일	1월	2월	3월	4월	5월	6월	7월	8월	9월	10월	11월	12월
1	60	46	77	110	162	189	230	269	253	207	145	100
2	59	46	77	112	163	192	231	269	252	204	143	97
3	59	45	77	114	165	194	232	269	251	201	144	95
4	60	49	80	118	167	195	233	268	249	198	147	91
5	58	54	80	122	168	196	233	267	247	196	150	87
6	56	57	81	127	168	197	232	267	245	194	150	86
7	57	58	83	130	169	198	233	267	243	193	150	84
8	57	59	84	130	168	200	235	267	241	194	148	84
9	57	59	84	130	167	202	237	266	240	194	144	84
10	58	58	85	130	166	204	239	266	238	193	141	82
11	59	60	86	130	167	205	241	266	236	192	140	80
12	58	63	89	130	168	206	243	265	235	191	138	78
13	58	66	90	131	168	206	245	264	234	188	133	74
14	56	65	93	131	170	206	247	264	232	184	127	73
15	55	65	95	133	171	206	248	264	231	180	123	73
16	53	63	96	137	172	208	250	265	231	178	117	70
17	54	63	96	139	173	210	253	265	231	176	113	71
18	55	62	98	142	176	211	255	264	231	175	111	71
19	53	64	99	146	177	213	257	263	230	175	109	71
20	53	66	101	148	179	213	259	262	228	175	107	70
21	53	67	102	148	181	213	260	260	226	174	107	73
22	50	68	103	148	182	214	261	260	223	173	108	74
23	47	71	101	148	184	214	261	260	220	172	109	73
24	48	71	101	147	186	215	261	260	218	168	112	72
25	47	72	102	146	187	217	261	259	217	165	112	71
26	47	75	103	148	187	220	262	258	215	162	110	68
27	48	76	104	151	188	221	263	257	213	158	108	66
28	49	76	106	154	186	223	263	256	211	155	105	64
29	49	77	108	157	186	225	265	254	211	155	102	61
30	48		108	160	187	228	267	254	209	151	102	60
31	47		109		189		268	253		147		60

[표 24] 일평균기온(제천: 0.1 ℃), 충북

일	1월	2월	3월	4월	5월	6월	7월	8월	9월	10월	11월	12월
1	−47	−50	4	65	141	185	223	253	218	148	72	1
2	−48	−48	7	68	144	187	224	252	216	145	69	−2
3	−51	−47	9	73	147	189	224	251	213	142	68	−5
4	−52	−43	9	78	148	193	225	249	210	139	67	−8
5	−54	−39	9	83	149	194	225	247	207	137	69	−9
6	−56	−36	9	89	151	196	226	247	206	135	70	−8
7	−55	−35	11	94	152	197	227	247	204	133	71	−10
8	−52	−33	13	96	151	198	228	246	202	133	68	−10
9	−51	−31	17	98	152	198	226	246	198	134	65	−9
10	−51	−28	21	99	152	199	225	246	196	133	61	−12
11	−51	−25	26	98	152	201	226	245	193	131	59	−14
12	−53	−21	29	98	152	202	226	245	190	130	56	−16
13	−54	−19	32	99	152	204	227	244	188	126	53	−21
14	−54	−18	35	99	152	205	228	243	186	122	48	−25
15	−54	−16	36	100	152	207	229	242	184	119	41	−27
16	−52	−15	38	105	153	209	230	241	183	116	34	−31
17	−51	−15	40	108	155	210	231	240	181	113	28	−33
18	−51	−14	43	112	157	210	232	238	180	110	24	−32
19	−52	−13	47	117	160	211	235	238	177	107	21	−30
20	−51	−10	51	120	163	211	238	236	174	103	21	−29
21	−52	−9	53	121	167	211	239	232	172	100	23	−25
22	−53	−8	52	121	169	211	241	230	170	97	23	−25
23	−54	−6	51	122	170	212	241	228	168	95	22	−26
24	−53	−5	49	121	171	213	241	226	165	93	21	−30
25	−55	−3	49	121	172	214	242	225	163	90	19	−35
26	−55	−1	50	123	173	216	243	225	161	87	15	−40
27	−54	1	53	126	175	218	245	224	157	85	13	−43
28	−53	3	56	130	177	221	247	223	154	82	11	−48
29	−52		59	134	179	221	249	222	153	80	8	−48
30	−51		62	138	181	223	252	222	150	79	5	−49
31	−51		64		184		253	220		76		−49

[표 25] 일평균기온 (보은: 0.1 ℃), 충북

일	1월	2월	3월	4월	5월	6월	7월	8월	9월	10월	11월	12월
1	−29	−36	14	73	145	187	226	255	222	153	80	12
2	−30	−36	17	76	147	190	227	254	220	151	77	9
3	−32	−34	18	80	150	192	227	252	217	149	77	6
4	−33	−32	17	84	152	196	228	251	214	145	77	3
5	−35	−28	18	90	153	198	229	250	211	142	79	3
6	−37	−25	18	94	155	199	229	250	209	139	80	3
7	−35	−21	20	98	155	200	229	250	207	137	81	3
8	−32	−20	22	100	155	201	230	250	205	137	78	3
9	−31	−19	25	102	155	201	229	249	203	137	75	4
10	−31	−17	29	103	156	201	229	249	201	136	72	1
11	−32	−15	33	102	156	203	229	248	197	135	69	0
12	−34	−13	37	103	157	204	230	247	195	134	66	−3
13	−35	−9	40	104	157	205	231	246	193	131	63	−7
14	−35	−8	43	104	157	206	233	245	190	128	57	−10
15	−36	−7	44	106	157	208	233	245	188	124	51	−11
16	−34	−6	46	111	158	210	235	243	187	121	44	−16
17	−33	−4	47	114	160	211	236	242	185	119	39	−17
18	−33	−4	50	117	162	212	237	241	183	116	35	−16
19	−34	−3	54	123	165	213	240	241	181	113	32	−15
20	−34	−2	58	125	168	213	243	239	178	110	32	−14
21	−36	0	61	126	171	213	244	236	176	106	34	−11
22	−37	2	61	126	173	212	245	233	174	105	35	−12
23	−38	3	59	126	174	213	245	232	172	102	34	−13
24	−37	5	58	125	175	214	246	230	168	99	34	−17
25	−38	6	58	126	176	215	247	229	166	96	32	−21
26	−39	7	58	129	177	217	249	229	164	95	28	−24
27	−38	9	61	132	178	220	250	228	161	92	25	−26
28	−37	11	65	136	180	222	252	227	158	90	22	−29
29	−36	13	68	139	181	223	254	225	157	88	20	−30
30	−35		69	143	183	224	255	225	155	88	17	−31
31	−36		71		185		255	223		84		−30

[표 26] 일평균기온 (서산: 0.1 ℃), 충남

일	1월	2월	3월	4월	5월	6월	7월	8월	9월	10월	11월	12월
1	−11	−25	20	73	143	189	228	262	233	172	100	31
2	−13	−24	23	76	145	191	229	261	231	169	98	28
3	−15	−23	23	80	148	194	229	261	229	166	98	26
4	−16	−21	23	83	150	197	231	260	226	163	99	22
5	−17	−17	24	87	151	198	232	259	224	161	101	22
6	−19	−13	25	92	152	200	233	260	223	159	100	24
7	−17	−11	26	96	154	202	234	261	221	158	99	23
8	−15	−10	28	98	153	203	235	260	220	159	96	24
9	−15	−8	31	101	153	204	235	260	218	159	93	23
10	−16	−7	34	102	155	206	235	259	215	157	90	20
11	−16	−5	39	102	155	207	235	258	211	156	88	18
12	−19	−3	42	101	156	209	237	258	209	153	85	15
13	−20	0	44	102	156	210	238	257	207	150	81	11
14	−20	1	46	102	157	211	239	256	206	146	75	9
15	−20	2	47	104	157	212	240	255	205	144	68	7
16	−19	3	48	108	159	214	241	255	204	141	62	3
17	−18	3	49	111	160	214	241	254	203	139	57	2
18	−18	3	51	115	162	214	243	253	201	136	54	2
19	−20	4	55	121	165	216	246	252	198	134	52	3
20	−20	6	58	122	168	216	248	249	195	130	53	4
21	−22	7	61	123	172	217	249	246	193	127	55	6
22	−24	9	61	123	175	217	250	242	191	125	55	5
23	−26	9	60	123	176	219	251	240	188	123	53	4
24	−26	10	59	122	178	219	252	239	186	120	53	1
25	−27	10	58	123	179	220	254	238	185	117	49	−3
26	−27	13	58	125	181	221	256	238	182	115	45	−5
27	−25	15	60	128	183	223	257	237	180	113	42	−7
28	−25	17	63	132	185	224	259	237	178	111	40	−10
29	−24	19	66	136	186	226	260	236	177	109	37	−10
30	−22		68	139	187	228	261	235	174	107	34	−11
31	−24		71		188		261	234		103		−11

[표 27] 일평균기온 (대전: 0.1 ℃), 충남

일	1월	2월	3월	4월	5월	6월	7월	8월	9월	10월	11월	12월
1	-7	-13	39	90	169	204	241	269	237	182	106	39
2	-8	-13	41	93	172	207	241	269	237	177	103	34
3	-8	-12	42	98	176	210	240	268	236	174	103	29
4	-8	-8	41	102	178	212	242	266	233	169	103	24
5	-12	-2	40	107	177	214	242	264	232	167	104	20
6	-16	2	40	113	177	215	242	265	231	165	105	20
7	-17	4	42	118	175	217	241	266	229	165	106	20
8	-16	5	45	120	171	219	241	266	227	165	104	20
9	-16	5	48	123	168	220	239	266	226	165	102	20
10	-14	4	52	125	166	221	239	264	225	164	99	19
11	-11	7	56	124	166	222	239	262	224	161	95	17
12	-9	11	58	124	168	221	240	261	221	158	90	15
13	-9	13	59	125	171	222	242	261	220	154	85	14
14	-8	13	64	126	174	222	244	260	218	148	76	15
15	-8	14	68	128	178	224	245	261	216	145	69	14
16	-7	14	72	134	181	226	247	260	214	144	59	11
17	-5	14	75	137	180	228	249	258	214	142	51	10
18	-2	17	78	140	181	230	251	256	213	142	48	8
19	-5	20	80	145	184	232	254	256	210	143	48	6
20	-7	24	81	147	187	232	256	253	204	142	48	8
21	-10	28	80	146	188	231	256	250	200	140	53	13
22	-14	32	78	144	190	229	258	249	197	139	60	13
23	-17	35	76	142	192	227	258	247	194	137	61	13
24	-15	38	76	139	192	226	258	244	193	132	61	10
25	-13	38	77	138	193	226	260	243	193	127	62	5
26	-11	40	78	141	194	228	261	242	191	123	59	-1
27	-9	40	81	145	197	232	263	241	190	119	55	-5
28	-8	39	83	152	198	236	264	240	188	115	51	-9
29	-8	39	85	157	199	237	266	240	187	114	47	-9
30	-9		86	164	200	239	267	240	185	113	44	-10
31	-12		88		203		269	238		110		-9

[표 28] 일평균기온 (천안: 0.1 ℃), 충남

일	1월	2월	3월	4월	5월	6월	7월	8월	9월	10월	11월	12월
1	−21	−31	20	75	150	195	233	264	231	167	92	22
2	−23	−30	23	78	153	197	234	263	229	164	90	19
3	−26	−28	24	83	156	200	235	262	227	161	89	16
4	−27	−26	24	87	158	203	236	260	224	158	90	14
5	−30	−22	25	92	161	204	237	259	222	155	92	13
6	−32	−18	25	98	163	206	239	260	221	153	92	15
7	−29	−15	27	103	164	208	240	260	220	151	91	14
8	−26	−14	30	105	164	209	241	259	218	151	88	14
9	−26	−12	33	106	164	209	240	259	215	151	85	14
10	−26	−11	36	107	164	211	239	258	212	150	82	12
11	−26	−8	40	107	164	213	240	257	209	149	80	10
12	−29	−6	44	106	163	214	240	257	206	147	77	7
13	−30	−3	46	107	163	214	241	257	204	144	73	3
14	−30	−2	49	108	164	215	243	256	202	141	67	0
15	−30	0	50	110	164	216	243	255	201	138	60	−2
16	−28	1	51	114	166	217	244	254	200	135	53	−7
17	−26	2	53	118	168	217	245	253	199	132	48	−8
18	−26	2	55	122	171	218	247	253	197	129	46	−7
19	−28	3	59	128	175	219	249	251	195	126	43	−7
20	−28	5	63	130	178	220	252	249	192	123	43	−5
21	−30	6	65	130	181	220	252	246	189	120	46	−2
22	−32	8	65	130	183	220	254	242	187	118	47	−3
23	−33	9	64	130	184	221	255	240	184	115	45	−5
24	−33	11	61	129	184	222	256	239	181	112	44	−8
25	−34	12	61	131	185	223	257	238	180	109	41	−13
26	−33	14	61	133	186	225	259	238	177	108	37	−16
27	−32	16	64	136	189	227	260	238	174	106	34	−18
28	−31	18	66	140	190	229	261	237	172	103	32	−22
29	−30	19	69	144	192	230	262	236	171	101	29	−22
30	−29		72	147	193	232	264	235	169	100	26	−22
31	−30		74		194		264	233		95		

[표 29] 일평균기온 (보령: 0.1 ℃), 충남

일	1월	2월	3월	4월	5월	6월	7월	8월	9월	10월	11월	12월
1	1	−14	27	76	145	186	229	264	237	177	109	43
2	−1	−13	30	79	146	189	230	263	235	175	107	40
3	−4	−12	29	83	149	192	230	263	233	172	107	37
4	−5	−10	30	86	150	195	231	263	230	170	109	34
5	−6	−6	31	89	152	196	232	262	229	168	111	33
6	−8	−2	31	93	153	198	234	263	228	166	110	34
7	−5	0	33	98	155	199	235	264	225	165	109	34
8	−3	1	36	100	155	201	237	264	224	165	106	35
9	−3	3	38	102	155	201	237	264	222	165	102	35
10	−4	4	41	103	155	203	238	263	219	164	99	32
11	−5	6	45	102	155	205	238	263	216	163	98	30
12	−7	9	48	100	155	207	239	262	214	160	95	27
13	−9	11	50	101	155	208	239	261	212	158	91	23
14	−9	12	52	101	156	210	241	259	211	154	86	21
15	−9	13	52	104	156	211	241	259	209	151	80	19
16	−8	13	53	109	158	212	243	258	209	149	73	14
17	−7	13	55	113	160	212	244	258	207	147	68	13
18	−6	12	57	118	161	213	246	258	206	144	66	14
19	−8	13	60	123	164	214	249	256	204	142	64	14
20	−8	14	63	125	167	215	251	254	201	139	64	16
21	−10	16	66	124	170	216	251	250	199	137	67	17
22	−12	17	66	124	173	216	252	247	197	134	67	16
23	−14	17	64	124	176	218	253	245	194	132	65	15
24	−14	18	63	123	177	218	254	244	192	128	65	12
25	−16	18	63	124	179	219	256	244	190	125	62	8
26	−15	20	62	127	181	220	259	244	188	123	57	7
27	−13	22	65	131	183	222	261	243	185	121	54	5
28	−12	24	68	135	183	223	262	243	183	119	52	2
29	−11	26	70	139	183	225	264	241	183	118	48	1
30	−10		72	142	184	227	264	240	180	116	46	1
31	−12		74		186		264	238		112		1

[표 30] 일평균기온 (부여: 0.1 ℃), 충남

일	1월	2월	3월	4월	5월	6월	7월	8월	9월	10월	11월	12월
1	−13	−20	25	81	152	198	236	268	235	170	95	27
2	−14	−20	28	84	154	200	237	267	233	167	91	24
3	−17	−19	28	88	157	203	238	266	232	164	91	21
4	−17	−17	28	91	159	206	239	265	229	161	92	17
5	−19	−13	28	95	160	208	240	263	227	159	93	17
6	−21	−9	29	100	162	209	241	264	225	156	93	18
7	−20	−7	30	104	163	210	242	265	223	155	94	18
8	−17	−5	33	106	163	211	243	264	221	154	91	18
9	−17	−4	36	109	163	212	241	263	218	154	88	20
10	−17	−3	39	110	164	214	241	263	216	153	84	17
11	−18	0	44	109	164	216	241	262	212	151	82	15
12	−19	3	48	109	165	217	242	262	210	149	80	13
13	−20	6	51	110	165	218	243	261	208	146	76	8
14	−20	7	53	110	166	219	245	260	206	142	70	5
15	−20	9	54	111	166	220	245	260	206	139	64	4
16	−18	10	55	116	167	221	247	259	204	136	58	0
17	−17	10	57	119	168	222	248	258	203	134	53	−2
18	−17	10	60	123	171	223	251	257	201	131	50	−1
19	−18	10	64	128	174	224	253	256	199	129	48	0
20	−18	11	68	131	178	224	256	253	196	125	48	1
21	−20	13	71	132	181	224	257	250	193	122	50	3
22	−22	14	71	132	183	224	258	246	192	120	50	2
23	−24	15	69	132	184	225	258	244	189	117	49	0
24	−24	17	68	131	185	226	259	243	186	114	48	−3
25	−26	18	67	133	187	226	260	242	184	111	46	−7
26	−26	20	67	134	189	228	263	242	182	110	42	−9
27	−24	22	70	138	191	231	264	241	179	107	39	−11
28	−23	23	72	143	193	232	266	240	176	105	37	−14
29	−21	24	75	146	194	233	268	238	176	103	34	−14
30	−19		77	149	195	235	269	238	173	102	31	−14
31	−19		79		197		269	237		98		−14

[표 31] 일평균기온 (금산: 0.1 ℃), 충남

일	1월	2월	3월	4월	5월	6월	7월	8월	9월	10월	11월	12월
1	−20	−28	20	78	151	192	234	262	227	161	88	19
2	−21	−28	22	81	153	195	234	261	226	158	85	16
3	−24	−27	23	85	155	198	234	259	224	156	84	13
4	−25	−24	23	89	157	202	236	257	221	151	85	10
5	−26	−20	23	94	158	203	236	256	218	148	86	9
6	−29	−17	24	100	160	204	237	256	217	145	87	9
7	−27	−13	26	103	161	205	238	257	214	142	87	9
8	−24	−12	28	105	161	206	239	256	213	141	85	9
9	−23	−10	32	106	161	207	238	255	211	141	81	11
10	−23	−8	35	107	162	208	237	255	209	142	79	8
11	−23	−6	40	106	162	210	237	254	205	141	77	7
12	−26	−3	43	107	162	211	237	253	203	140	73	4
13	−27	0	46	109	162	212	238	253	200	138	69	0
14	−27	1	48	109	163	212	240	251	198	135	63	−3
15	−28	2	49	111	162	214	241	251	196	131	57	−4
16	−27	2	50	116	164	215	242	250	195	128	49	−9
17	−26	2	53	119	165	217	245	249	193	125	44	−10
18	−26	3	56	123	167	218	247	248	191	123	41	−9
19	−27	3	60	128	170	220	249	247	190	120	38	−8
20	−27	4	63	131	173	220	252	245	186	117	38	−7
21	−29	6	66	131	176	220	253	242	184	114	40	−5
22	−30	8	66	131	178	219	253	240	182	112	41	−5
23	−32	9	65	131	179	219	253	238	179	110	39	−7
24	−31	11	64	131	180	220	253	236	176	107	39	−10
25	−32	11	63	131	181	221	254	235	173	104	38	−13
26	−32	13	63	133	182	223	256	235	171	102	34	−16
27	−31	15	67	137	184	226	257	234	168	100	30	−18
28	−30	17	70	141	185	229	259	232	165	98	28	−21
29	−29	19	72	144	187	230	261	231	165	97	25	−22
30	−27		75	148	188	231	262	230	163	96	22	−23
31	−28		77		191		262	229		92		−22

[표 32] 일평균기온 (울릉도: 0.1 ℃), 경북

일	1월	2월	3월	4월	5월	6월	7월	8월	9월	10월	11월	12월
1	25	6	34	80	137	172	204	244	225	178	123	66
2	23	6	36	83	138	174	205	244	221	177	123	65
3	20	9	37	89	141	177	206	243	219	175	123	63
4	20	12	39	93	143	178	208	243	215	173	126	59
5	20	15	38	96	145	180	208	243	212	171	127	58
6	19	19	37	98	147	181	208	243	211	167	124	58
7	21	21	38	100	148	181	210	244	210	166	121	56
8	21	20	40	100	147	181	211	244	209	166	115	57
9	20	20	42	99	148	182	212	244	207	167	111	56
10	18	20	47	98	148	183	212	244	206	167	106	53
11	16	22	51	100	148	184	213	242	204	166	105	51
12	13	23	53	101	147	185	213	241	202	164	104	48
13	13	25	54	101	147	186	214	241	200	163	102	43
14	13	24	55	104	147	187	216	240	199	160	98	42
15	12	23	55	108	148	187	219	237	198	156	95	40
16	13	22	56	112	150	188	221	236	198	154	90	37
17	15	21	57	115	154	188	224	234	197	152	85	36
18	15	22	59	117	158	189	227	233	197	148	85	38
19	13	24	61	119	162	190	229	233	195	145	84	39
20	12	26	62	119	165	190	231	233	192	144	83	40
21	11	27	63	120	168	190	232	232	190	142	86	41
22	9	26	62	120	167	191	233	232	189	141	87	40
23	7	25	63	123	165	192	233	230	187	140	85	38
24	7	26	63	125	165	193	233	228	185	137	83	35
25	7	25	65	126	164	195	234	226	184	135	81	34
26	7	28	67	128	163	197	236	227	181	135	76	33
27	9	30	68	132	165	198	239	227	179	133	72	33
28	10	32	71	133	166	200	241	227	178	131	70	31
29	9	33	73	135	167	200	244	228	178	131	68	31
30	9		75	136	168	202	244	229	177	128	66	28
31	8		77		170		244	227		124		27

[표 33] 일평균기온 (울진: 0.1 ℃), 경북

일	1월	2월	3월	4월	5월	6월	7월	8월	9월	10월	11월	12월
1	19	6	41	90	148	175	209	248	226	176	120	58
2	16	6	43	93	150	178	211	247	223	175	119	57
3	15	9	44	98	149	179	213	246	221	173	118	55
4	14	12	46	101	150	181	214	246	217	170	120	53
5	14	15	45	104	152	183	214	246	214	169	122	52
6	12	19	46	107	153	183	216	246	212	167	120	51
7	14	21	47	108	154	182	216	246	211	166	118	49
8	16	21	49	108	155	183	217	246	209	166	113	49
9	15	22	51	107	156	183	218	245	208	166	109	49
10	14	23	56	106	156	184	220	244	207	165	104	46
11	12	25	60	108	155	186	219	244	206	164	102	44
12	9	28	62	109	153	187	220	243	203	162	101	41
13	9	30	62	111	153	188	221	242	201	160	98	36
14	9	28	64	114	154	187	222	241	200	158	95	34
15	9	28	64	119	155	187	224	240	199	155	89	32
16	10	26	66	122	157	189	227	238	198	152	83	29
17	11	26	68	124	162	189	229	237	198	150	78	28
18	11	26	70	126	165	191	231	236	197	147	76	31
19	10	27	72	128	168	193	234	236	195	144	75	31
20	9	30	73	128	171	195	237	236	192	141	75	33
21	8	31	73	130	173	195	239	235	189	139	77	35
22	6	31	71	133	171	197	240	235	188	137	78	35
23	5	31	71	134	169	198	240	233	186	136	77	34
24	5	32	71	136	169	200	239	230	184	134	75	31
25	5	32	74	137	168	202	239	228	184	132	73	30
26	5	35	75	138	167	204	238	228	182	132	69	28
27	7	37	78	140	169	205	240	227	180	129	66	26
28	8	39	80	144	171	207	243	227	177	127	63	24
29	8	40	83	145	172	207	246	228	177	127	62	23
30	8		85	146	173	208	247	229	176	125	60	20
31	8		88		174		248	228		121		19

[표 34] 일평균기온 (안동: 0.1 ℃), 경북

일	1월	2월	3월	4월	5월	6월	7월	8월	9월	10월	11월	12월
1	−18	−22	26	85	155	198	231	263	230	165	92	23
2	−19	−22	28	87	159	202	231	263	228	163	89	20
3	−21	−20	30	93	161	203	231	263	227	160	88	17
4	−21	−17	29	97	163	206	233	261	224	157	87	15
5	−23	−13	29	102	165	207	233	260	221	154	89	12
6	−26	−9	30	106	167	207	233	259	219	151	90	11
7	−24	−6	32	109	166	207	234	259	218	149	90	11
8	−22	−6	34	110	166	207	235	257	215	149	87	10
9	−22	−4	37	112	165	207	234	256	213	150	84	11
10	−21	−4	41	112	165	208	234	255	211	150	81	9
11	−21	−1	45	112	165	210	235	254	208	149	78	8
12	−21	2	47	113	165	212	235	254	205	148	75	6
13	−21	5	50	114	165	213	236	253	203	145	72	3
14	−21	5	52	116	165	214	237	251	201	141	67	−1
15	−21	6	54	120	166	215	238	250	198	136	61	−2
16	−20	6	55	125	168	216	239	248	197	134	54	−5
17	−20	6	58	129	171	217	240	247	195	129	48	−8
18	−20	7	60	132	175	218	243	247	194	126	45	−7
19	−22	8	64	135	179	218	245	247	192	123	42	−5
20	−22	9	66	137	182	219	249	246	189	120	41	−5
21	−24	10	68	137	184	218	250	244	185	118	43	−3
22	−26	12	67	137	185	217	251	243	183	117	44	−2
23	−27	13	66	138	184	218	252	240	181	116	44	−3
24	−26	16	66	138	184	219	252	238	178	115	43	−6
25	−26	17	67	139	184	220	253	236	177	113	41	−9
26	−25	20	69	141	184	222	255	236	175	110	37	−12
27	−23	22	73	143	185	225	257	235	172	107	34	−16
28	−21	24	76	146	186	227	259	233	169	103	30	−20
29	−21	25	78	149	189	228	261	233	168	101	27	−20
30	−20		80	152	192	229	262	233	166	99	26	−21
31	−20		82		196		263	231		96		−21

[표 35] 일평균기온 (포항: 0.1 ℃), 경북

일	1월	2월	3월	4월	5월	6월	7월	8월	9월	10월	11월	12월
1	26	16	55	106	166	198	232	270	244	192	133	67
2	24	16	57	109	168	201	232	269	241	191	131	64
3	21	18	59	113	168	202	233	268	239	190	130	61
4	22	21	60	117	170	205	235	268	235	187	131	57
5	20	26	60	121	173	207	235	267	231	185	132	56
6	19	30	60	124	175	207	236	267	229	183	131	56
7	20	32	62	125	175	206	238	266	228	181	130	55
8	21	32	63	126	176	207	239	266	226	181	126	55
9	21	33	66	125	176	207	240	265	225	181	121	55
10	21	34	71	125	176	208	240	264	224	181	117	53
11	20	37	75	126	175	209	241	263	223	180	115	51
12	18	40	77	128	173	211	241	262	221	179	113	48
13	18	43	78	129	173	211	242	261	219	177	111	43
14	17	43	80	133	173	211	244	259	217	173	107	40
15	17	43	81	137	174	211	246	257	216	170	101	39
16	18	42	82	142	176	213	248	255	215	167	95	36
17	19	42	83	144	181	213	251	254	215	164	90	35
18	19	42	85	145	186	215	253	253	214	161	88	38
19	18	42	87	146	189	217	256	254	213	159	86	39
20	17	44	88	147	191	218	259	254	210	156	85	40
21	16	46	89	148	193	217	260	254	207	154	88	42
22	15	45	88	150	192	218	261	254	206	152	88	42
23	13	46	88	153	190	218	261	252	204	151	87	40
24	13	46	88	155	190	219	260	249	202	148	86	37
25	13	46	90	156	190	221	260	248	201	146	84	35
26	13	49	92	158	190	224	261	248	200	145	79	33
27	14	50	94	160	192	227	262	247	197	144	76	31
28	16	52	97	162	193	229	265	246	195	141	74	28
29	17	54	99	164	194	230	267	247	194	140	72	28
30	17		102	164	195	230	269	247	193	139	70	26
31	17		104		196		270	246		135		26

[표 36] 일평균기온 (대구: 0.1 ℃), 경북

일	1월	2월	3월	4월	5월	6월	7월	8월	9월	10월	11월	12월
1	11	5	50	107	173	212	243	278	247	189	122	52
2	10	5	53	110	175	216	243	277	245	188	119	49
3	8	8	55	115	177	218	243	277	242	186	118	46
4	7	11	55	119	179	221	245	275	239	182	118	42
5	6	15	55	123	181	223	246	274	236	180	118	40
6	4	19	55	127	184	223	247	274	234	176	118	40
7	6	21	57	130	185	223	249	273	232	175	118	39
8	8	22	59	131	185	223	250	272	231	174	114	39
9	9	23	62	131	186	223	249	271	229	174	111	40
10	9	24	67	131	186	223	249	271	227	174	107	38
11	8	27	72	132	185	225	250	270	225	174	105	36
12	6	31	75	133	184	227	250	269	223	173	102	34
13	6	34	77	135	183	228	250	267	221	171	100	30
14	5	34	78	137	183	229	252	265	219	168	96	27
15	5	34	79	141	183	230	254	264	217	165	90	26
16	7	34	79	145	185	231	256	262	216	162	85	23
17	7	33	81	148	187	233	258	261	215	158	79	22
18	7	34	84	150	191	234	261	262	214	155	76	23
19	6	34	87	152	195	234	263	262	213	152	73	25
20	5	36	90	154	199	233	267	261	210	149	72	25
21	3	38	92	155	201	232	268	260	207	146	73	27
22	2	38	91	156	203	231	268	258	204	144	74	26
23	1	38	90	158	202	229	267	256	202	141	72	24
24	1	40	89	159	203	229	267	254	200	139	71	22
25	2	40	90	160	203	231	267	253	198	137	69	19
26	1	42	91	162	202	233	269	253	196	135	66	18
27	2	45	94	165	203	236	270	253	194	134	63	16
28	4	47	97	167	204	239	273	251	191	132	60	14
29	5	49	100	169	206	240	275	251	190	130	58	13
30	6		102	171	208	240	277	251	189	129	56	11
31	6		105		210		278	249		125		10

[표 37] 일평균기온 (봉화: 0.1 ℃), 경북

일	1월	2월	3월	4월	5월	6월	7월	8월	9월	10월	11월	12월
1	-38	-42	12	65	135	173	214	242	208	144	67	5
2	-38	-42	12	66	138	176	215	242	206	142	65	1
3	-39	-40	12	70	140	178	215	242	206	139	64	-2
4	-38	-36	10	73	141	181	217	240	203	135	64	-5
5	-39	-30	9	77	144	183	217	238	200	132	65	-7
6	-41	-26	9	81	144	185	217	238	199	129	67	-6
7	-40	-24	11	84	145	186	218	238	198	127	68	-7
8	-38	-23	14	86	144	187	219	237	195	127	65	-8
9	-37	-22	18	88	142	187	219	237	194	127	63	-7
10	-37	-23	21	89	141	188	219	236	192	127	61	-10
11	-35	-20	25	90	141	190	220	235	190	125	58	-13
12	-34	-18	28	92	142	192	221	235	187	124	55	-15
13	-36	-16	31	93	143	193	221	234	185	120	52	-18
14	-37	-15	33	94	146	195	221	232	183	115	47	-22
15	-38	-14	35	96	148	196	222	232	181	111	40	-23
16	-38	-13	38	100	150	196	222	229	179	108	32	-25
17	-39	-12	40	104	153	196	223	227	177	105	26	-27
18	-38	-11	41	108	156	197	225	226	175	103	24	-25
19	-39	-10	43	112	159	198	228	227	172	102	21	-23
20	-38	-9	46	116	161	199	231	225	168	99	19	-23
21	-40	-7	47	117	163	199	233	224	163	97	19	-21
22	-43	-6	46	117	163	200	234	223	161	96	19	-18
23	-44	-4	48	116	163	200	234	221	159	94	18	-19
24	-43	0	48	116	162	202	233	218	157	92	18	-23
25	-44	3	48	115	162	203	233	215	155	89	19	-26
26	-45	6	49	116	161	206	234	214	154	85	18	-30
27	-42	9	52	119	163	208	235	212	152	82	18	-35
28	-40	10	53	123	164	211	237	211	148	77	15	-40
29	-39	11	56	127	166	211	240	210	147	75	12	-40
30	-40		59	131	169	213	241	210	146	74	10	-41
31	-40		62		172		242	209		70		-41

[표 38] 일평균기온 (영주: 0.1 ℃), 경북

일	1월	2월	3월	4월	5월	6월	7월	8월	9월	10월	11월	12월
1	-24	-28	21	81	150	193	226	256	223	158	85	18
2	-25	-27	24	83	153	196	226	255	222	156	83	14
3	-27	-25	25	89	155	198	227	255	219	154	83	12
4	-28	-23	24	93	157	201	229	253	216	150	82	8
5	-29	-19	24	97	158	203	230	252	214	148	83	6
6	-32	-17	24	101	160	204	229	252	212	145	84	5
7	-31	-14	26	105	161	204	231	252	210	143	83	5
8	-28	-13	28	106	160	204	232	251	208	143	80	4
9	-28	-12	32	107	160	204	230	250	206	143	78	5
10	-27	-11	36	107	161	204	229	249	204	143	75	3
11	-27	-7	40	108	160	206	230	248	201	141	73	2
12	-28	-3	43	109	160	207	231	248	198	140	71	0
13	-29	0	46	110	160	208	231	246	196	138	68	-4
14	-30	1	48	111	161	209	232	245	194	134	64	-7
15	-31	2	49	114	161	211	234	245	191	131	57	-9
16	-29	2	51	118	162	212	235	243	189	128	50	-12
17	-29	2	53	121	164	213	236	242	188	124	44	-13
18	-29	3	55	124	168	213	238	241	187	121	40	-12
19	-29	3	58	127	171	214	240	241	185	118	37	-10
20	-29	4	61	129	174	215	243	239	182	114	37	-9
21	-31	6	63	130	178	215	244	237	179	111	38	-6
22	-32	7	62	131	180	215	245	235	177	109	39	-6
23	-32	7	62	132	181	215	245	233	175	108	38	-7
24	-31	9	61	134	181	216	245	231	173	106	37	-10
25	-31	10	62	135	182	217	246	229	171	104	34	-13
26	-31	12	63	137	181	219	248	229	169	101	31	-16
27	-31	15	67	139	182	221	250	228	166	99	28	-20
28	-30	17	70	142	184	223	252	227	162	96	25	-24
29	-30	19	73	144	186	224	254	226	161	94	23	-25
30	-29		76	147	189	225	255	227	160	92	21	-26
31	-29		78		192		256	225		89		-26

[표 39] 일평균기온 (문경: 0.1 ℃), 경북

일	1월	2월	3월	4월	5월	6월	7월	8월	9월	10월	11월	12월
1	−16	−20	26	86	154	195	227	257	224	161	93	26
2	−17	−19	29	89	156	199	227	257	222	160	91	23
3	−18	−17	31	95	159	201	227	256	219	157	90	20
4	−19	−14	30	99	160	204	230	254	216	154	89	16
5	−20	−10	30	103	162	206	230	253	214	151	89	15
6	−22	−7	30	107	164	206	230	253	212	149	89	15
7	−20	−5	32	110	164	206	231	253	211	147	88	14
8	−18	−5	35	110	163	206	232	252	209	147	85	13
9	−17	−4	38	111	163	206	230	251	206	147	82	14
10	−17	−3	42	112	164	206	229	250	205	147	80	11
11	−17	0	47	113	163	208	230	249	202	146	78	11
12	−19	3	50	115	163	209	230	248	199	145	76	9
13	−20	6	52	116	163	210	231	248	197	143	74	5
14	−21	7	53	117	164	211	232	246	195	140	70	1
15	−21	8	55	121	163	213	234	245	193	137	63	0
16	−19	8	56	125	165	214	235	243	191	134	56	−4
17	−19	8	58	128	167	215	236	242	190	130	50	−5
18	−19	9	61	131	171	216	238	242	188	126	47	−3
19	−20	10	65	134	174	216	240	242	186	123	44	−2
20	−21	10	68	136	178	216	243	240	184	120	44	0
21	−22	12	70	137	181	216	244	238	181	117	46	2
22	−23	13	69	137	183	215	245	235	179	115	46	2
23	−25	13	68	138	184	215	245	234	178	113	45	0
24	−24	15	67	139	184	216	245	231	175	111	44	−3
25	−23	16	67	141	184	217	246	230	173	108	42	−6
26	−23	18	68	142	184	219	248	230	171	107	38	−9
27	−22	21	72	145	185	221	250	229	168	105	36	−11
28	−21	23	76	147	186	224	252	228	165	103	33	−15
29	−20	25	79	150	188	224	255	227	164	101	32	−16
30	−20		82	152	190	224	256	228	162	100	30	−17
31	−20		84		194		257	226		97		−18

[표 40] 일평균기온 (영덕: 0.1 ℃), 경북

일	1월	2월	3월	4월	5월	6월	7월	8월	9월	10월	11월	12월
1	14	3	41	90	153	185	219	258	229	175	117	54
2	12	4	44	93	156	188	220	257	226	174	115	51
3	10	7	45	99	156	189	222	255	223	171	114	48
4	10	10	46	103	157	192	224	255	219	169	115	45
5	10	14	45	107	159	193	224	254	216	167	117	45
6	8	17	46	110	161	193	224	253	214	164	116	45
7	10	19	47	111	161	192	226	253	213	163	115	44
8	11	19	49	111	161	193	227	253	211	162	111	44
9	11	19	51	110	162	193	228	252	210	162	107	44
10	10	20	56	110	161	194	228	251	209	163	103	41
11	8	23	60	111	160	195	229	250	207	162	101	40
12	5	26	61	113	158	197	230	249	205	161	99	37
13	6	28	62	114	157	198	230	248	203	160	97	31
14	5	28	64	117	158	197	232	247	201	157	93	28
15	5	28	65	122	159	198	234	246	200	154	87	27
16	7	26	67	126	161	199	237	244	199	151	81	23
17	8	27	69	128	166	199	238	243	199	148	76	22
18	7	26	71	129	171	201	241	242	198	145	73	25
19	6	27	73	132	175	203	244	242	196	142	72	26
20	6	29	73	132	177	205	246	241	192	139	72	27
21	5	31	74	133	180	204	247	240	190	137	74	30
22	3	31	73	135	178	206	248	239	188	135	76	30
23	2	31	73	138	177	207	248	237	186	134	74	28
24	2	32	73	139	177	209	247	234	184	131	73	25
25	2	33	75	142	176	211	247	232	184	129	71	24
26	1	35	76	143	176	213	248	233	182	128	66	22
27	3	37	78	145	178	215	250	232	179	126	64	20
28	4	39	80	149	179	217	252	232	176	124	61	17
29	5	40	82	151	180	217	255	233	176	124	59	17
30	5		85	152	181	218	256	233	175	122	56	14
31	5		87		183		257	231		118		14

[표 41] 일평균기온 (의성: 0.1 ℃), 경북

일	1월	2월	3월	4월	5월	6월	7월	8월	9월	10월	11월	12월
1	−30	−34	17	78	150	191	232	262	228	159	81	10
2	−31	−34	19	80	152	195	233	261	226	157	78	6
3	−33	−33	21	84	155	198	233	260	224	154	76	5
4	−33	−31	21	88	156	201	234	259	221	150	75	2
5	−35	−27	22	93	158	203	234	258	218	147	77	0
6	−38	−24	23	98	159	203	234	257	216	143	78	0
7	−36	−20	25	101	160	203	235	257	215	141	79	0
8	−34	−18	27	103	160	205	237	256	212	140	77	−1
9	−34	−15	29	106	160	205	236	255	210	140	74	1
10	−33	−13	33	106	161	206	236	255	208	140	71	−1
11	−32	−11	37	107	160	208	237	254	205	140	68	−3
12	−33	−8	40	109	161	209	237	253	202	140	65	−5
13	−33	−5	44	109	160	210	238	252	199	137	62	−9
14	−33	−4	47	110	160	211	239	250	197	133	57	−14
15	−35	−3	49	112	160	213	240	250	194	129	51	−15
16	−34	−2	51	117	161	215	241	248	193	125	44	−19
17	−33	−1	53	120	163	216	243	248	191	121	38	−21
18	−34	−1	55	123	167	217	245	247	190	118	34	−20
19	−35	0	59	127	170	218	247	248	188	115	31	−18
20	−35	0	62	130	173	219	250	246	185	112	29	−17
21	−36	3	64	131	176	218	251	244	182	108	30	−14
22	−37	4	64	132	177	218	252	242	180	106	31	−14
23	−38	5	64	132	177	218	252	239	177	104	30	−15
24	−38	7	62	133	178	219	252	237	174	102	31	−18
25	−38	8	62	133	179	220	253	236	172	99	30	−21
26	−39	10	63	135	179	222	255	236	169	97	27	−24
27	−39	12	66	137	181	225	257	235	166	94	24	−27
28	−37	13	69	141	181	227	259	233	162	91	21	−30
29	−36	15	72	144	183	228	261	232	162	89	17	−31
30	−34		75	147	186	230	262	232	160	89	15	−33
31	−34		76		189		262	230		85		−32

[표 42] 일평균기온 (구미: 0.1 ℃), 경북

일	1월	2월	3월	4월	5월	6월	7월	8월	9월	10월	11월	12월
1	-8	-13	34	94	161	203	236	267	233	168	98	30
2	-9	-13	36	96	164	207	236	266	231	167	95	26
3	-11	-11	37	100	166	209	237	265	229	165	94	24
4	-12	-9	37	104	167	212	238	263	226	161	93	20
5	-13	-5	37	108	169	214	239	261	223	158	94	19
6	-15	-2	37	113	172	214	239	262	221	155	94	19
7	-14	1	39	116	172	214	240	261	219	153	95	18
8	-11	2	42	118	172	215	241	261	217	151	91	17
9	-10	4	45	120	173	215	240	259	215	151	89	19
10	-10	5	49	120	173	215	240	258	214	152	86	17
11	-11	8	53	120	172	217	240	257	211	152	83	15
12	-12	11	57	122	173	218	241	257	209	151	81	13
13	-13	13	59	123	172	219	241	256	206	149	79	10
14	-13	14	62	124	172	220	243	255	204	147	73	7
15	-14	15	63	126	172	222	244	254	202	143	68	6
16	-13	15	64	130	173	223	246	253	200	140	62	3
17	-13	15	66	133	175	224	247	251	198	136	56	2
18	-13	16	69	137	179	225	249	251	196	133	54	3
19	-14	17	72	140	183	226	252	252	195	130	51	4
20	-15	18	75	143	186	226	255	250	191	127	49	5
21	-16	20	78	143	189	225	256	248	188	123	50	6
22	-17	21	77	144	191	224	257	247	186	121	50	6
23	-18	21	77	145	191	224	257	245	184	119	49	5
24	-17	23	76	146	192	224	257	242	181	117	48	2
25	-16	24	76	146	193	225	257	241	179	114	46	0
26	-17	26	78	148	192	227	259	241	177	112	43	-3
27	-15	28	81	151	193	230	261	240	174	110	41	-4
28	-14	31	84	154	194	232	263	238	171	108	39	-7
29	-13	33	87	156	196	233	265	237	170	106	36	-7
30	-13		90	159	199	233	267	236	169	105	33	-9
31	-13		92		202		268	234		102		-9

[표 43] 일평균기온 (고산: 0.1 ℃), 경북

일	1월	2월	3월	4월	5월	6월	7월	8월	9월	10월	11월	12월
1	72	50	80	109	160	186	226	267	250	208	153	107
2	70	50	79	111	159	188	227	268	249	206	153	105
3	70	51	78	114	160	189	228	268	248	203	154	102
4	70	55	80	117	162	191	229	268	246	200	157	99
5	68	60	78	120	162	193	229	268	244	198	159	98
6	67	63	79	123	160	195	230	268	244	195	158	97
7	69	64	80	126	161	197	231	268	242	194	157	96
8	69	64	83	126	160	199	233	267	241	194	153	98
9	69	65	83	127	159	200	235	266	241	195	150	96
10	69	64	86	127	159	200	237	266	239	194	147	94
11	68	66	89	127	160	201	239	265	236	194	146	91
12	66	68	93	125	161	202	241	264	235	193	144	89
13	64	70	93	126	162	203	243	264	234	190	141	85
14	62	69	95	126	163	204	246	264	231	187	136	84
15	61	69	96	129	164	206	247	264	231	184	132	83
16	61	69	95	133	166	207	250	264	231	182	126	81
17	61	68	94	136	167	208	253	264	230	180	123	82
18	62	67	96	140	169	209	255	264	230	178	121	83
19	61	69	98	144	170	210	257	264	229	178	119	82
20	60	71	100	144	171	211	258	262	226	178	118	83
21	58	72	101	143	173	212	259	261	224	177	118	85
22	55	73	102	141	175	213	259	260	221	176	119	85
23	53	74	100	140	176	214	259	260	219	175	120	83
24	53	74	99	139	177	215	259	259	217	172	121	80
25	51	75	100	139	179	216	259	258	217	169	120	79
26	52	77	100	142	181	217	260	258	216	167	117	75
27	55	77	101	147	182	219	261	257	214	163	114	73
28	55	78	103	151	182	220	262	255	212	161	112	71
29	56	79	104	154	183	222	263	253	212	160	109	70
30	55		105	157	184	224	265	252	210	158	109	70
31	52		107		185		266	251		155		71

[표 44] 일평균기온 (울산: 0.1 ℃), 경남

일	1월	2월	3월	4월	5월	6월	7월	8월	9월	10월	11월	12월
1	27	17	55	105	162	197	232	270	244	190	127	65
2	26	17	58	106	164	200	232	270	241	189	125	62
3	24	20	60	110	166	202	233	269	239	186	124	59
4	24	23	61	114	167	204	235	268	235	184	124	56
5	22	27	60	117	169	206	235	267	231	181	126	54
6	21	31	60	121	172	206	236	267	230	179	126	54
7	21	33	62	123	173	206	238	267	228	177	125	53
8	22	33	63	125	173	207	239	268	227	177	122	53
9	22	34	66	125	173	207	240	267	226	177	118	54
10	22	35	70	125	174	208	241	266	225	177	115	51
11	21	38	74	126	173	210	242	265	223	176	112	49
12	20	42	78	127	172	211	242	263	221	175	110	47
13	20	44	79	128	172	212	243	262	219	173	108	42
14	19	44	80	130	171	212	245	261	217	170	104	39
15	18	44	81	134	171	212	247	259	215	167	99	38
16	20	43	81	137	173	213	248	258	214	164	94	36
17	21	43	82	140	176	215	251	258	214	161	89	35
18	21	42	84	142	181	217	254	257	213	158	87	38
19	20	42	86	145	184	218	256	258	212	156	85	39
20	19	43	87	146	187	219	259	257	209	154	84	39
21	18	45	89	146	189	218	261	256	206	151	85	41
22	16	45	88	147	189	217	261	255	204	149	85	40
23	14	45	88	149	189	217	261	253	202	147	84	39
24	14	46	88	151	189	218	261	251	200	145	83	36
25	14	46	89	152	189	220	261	250	199	142	81	34
26	13	49	91	153	189	223	262	250	197	141	78	32
27	14	50	93	155	190	225	263	250	194	140	75	31
28	16	52	95	157	191	228	265	249	192	137	73	29
29	17	54	98	159	192	228	267	249	191	136	70	28
30	18		100	160	193	229	269	248	190	135	68	27
31	18		103		195		269	247		131		27

[표 45] 일평균기온 (창원: 0.1 ℃), 경남

일	1월	2월	3월	4월	5월	6월	7월	8월	9월	10월	11월	12월
1	36	22	64	115	165	204	232	271	255	202	137	75
2	34	23	66	116	165	207	233	272	254	201	135	72
3	31	26	67	119	165	208	234	271	252	199	134	69
4	31	30	70	122	167	210	235	271	249	196	135	67
5	30	35	70	123	170	211	237	270	247	194	136	66
6	30	38	68	125	172	210	237	270	246	192	134	66
7	31	40	69	127	174	210	240	270	244	189	133	66
8	33	40	70	128	175	210	242	270	242	188	129	64
9	33	41	72	129	175	211	244	269	240	188	126	62
10	34	43	77	130	176	212	244	269	238	189	124	57
11	35	46	83	131	177	215	245	268	234	187	123	55
12	33	50	88	133	176	217	245	266	233	187	122	53
13	33	53	89	135	177	218	244	265	231	185	121	50
14	33	53	89	136	179	219	246	265	229	182	118	50
15	33	54	89	140	180	220	247	264	228	179	113	52
16	33	54	88	144	181	220	249	264	227	176	109	51
17	33	54	88	147	184	220	251	265	226	172	105	51
18	31	55	89	149	187	220	256	265	223	168	103	52
19	28	55	92	152	190	221	259	265	221	165	99	52
20	24	55	93	152	192	220	262	264	218	163	96	51
21	22	55	95	154	195	220	265	263	216	161	95	52
22	20	54	94	155	196	219	267	262	214	160	94	52
23	19	53	95	155	195	220	267	260	214	160	93	52
24	19	54	95	155	195	221	266	259	213	158	92	49
25	19	55	97	156	195	222	266	259	213	156	91	46
26	18	58	100	157	195	223	266	259	211	154	87	45
27	20	60	103	158	196	226	267	259	209	151	84	42
28	22	62	106	161	197	227	268	259	206	148	81	39
29	22	63	109	163	200	227	269	259	206	145	79	39
30	23		110	164	202	229	270	258	204	143	77	39
31	23		113		203		271	258		139		38

[표 46] 일평균기온 (부산: 0.1 ℃), 경남

일	1월	2월	3월	4월	5월	6월	7월	8월	9월	10월	11월	12월
1	40	28	64	110	159	191	221	263	249	201	143	82
2	38	28	67	111	160	193	222	264	246	200	141	80
3	37	31	68	115	161	195	223	264	243	198	141	76
4	36	34	70	119	163	197	224	264	240	196	142	73
5	35	38	69	120	165	199	225	264	237	193	144	71
6	33	42	68	124	167	200	226	265	236	190	143	71
7	33	44	70	127	168	200	228	265	235	189	142	70
8	34	44	71	128	169	201	230	265	233	189	137	71
9	35	45	73	128	170	202	230	265	233	190	132	71
10	34	45	78	128	170	203	231	264	232	190	129	68
11	33	48	83	128	170	205	232	263	229	190	127	66
12	31	51	86	129	169	206	233	262	228	189	126	62
13	31	54	87	130	169	207	234	261	226	187	124	56
14	30	55	88	131	169	207	236	260	224	184	120	53
15	30	55	89	135	169	208	238	260	223	180	115	52
16	32	54	89	138	170	209	240	260	222	177	110	49
17	34	54	90	141	173	210	242	260	222	174	105	49
18	33	54	92	142	176	211	245	260	222	171	103	52
19	33	53	94	144	179	212	248	259	220	169	100	53
20	32	55	96	145	181	212	250	258	218	167	100	54
21	30	57	97	146	183	211	252	257	216	165	102	55
22	27	56	96	147	184	211	252	256	213	163	103	55
23	26	56	96	148	184	211	253	255	212	162	102	53
24	25	57	95	149	184	211	253	253	210	159	102	51
25	24	57	96	150	185	213	254	253	209	158	99	49
26	24	58	98	151	185	214	255	253	207	157	94	47
27	26	60	99	153	186	216	257	253	205	155	91	46
28	28	62	102	155	187	217	259	252	203	153	88	44
29	29	63	104	156	189	218	261	252	202	152	86	43
30	30		105	157	189	219	262	252	201	150	84	41
31	29		108		190		263	251		145		41

[표 47] 일평균기온 (통영: 0.1 ℃), 경남

일	1월	2월	3월	4월	5월	6월	7월	8월	9월	10월	11월	12월
1	36	26	65	107	162	191	224	264	247	204	139	81
2	36	27	66	109	163	194	226	266	247	203	136	77
3	36	28	68	111	164	196	227	267	245	200	136	73
4	37	30	69	115	165	198	228	267	243	197	137	68
5	35	36	69	118	165	199	229	266	241	194	139	64
6	32	40	70	123	166	200	229	268	240	191	139	62
7	31	43	72	126	168	201	230	268	238	190	139	62
8	30	44	74	127	167	203	232	268	237	190	137	62
9	30	45	75	128	166	204	232	268	236	191	134	63
10	31	44	77	129	165	205	233	268	235	191	132	62
11	33	45	79	129	164	207	235	266	233	190	129	61
12	35	48	81	129	164	208	236	264	231	190	127	60
13	36	50	81	130	165	208	238	263	228	186	122	58
14	35	50	84	130	168	209	240	262	227	182	116	56
15	35	51	87	132	170	210	242	262	224	178	110	55
16	36	50	89	134	172	210	244	262	224	176	103	53
17	36	49	92	137	173	211	246	262	225	174	96	52
18	36	50	94	140	176	212	248	261	226	172	94	51
19	34	52	95	143	178	213	249	260	225	172	93	50
20	31	55	96	144	179	213	251	259	222	170	91	50
21	28	58	96	145	182	213	253	257	219	168	93	53
22	25	60	95	144	184	213	254	256	215	166	96	54
23	23	63	95	144	186	212	255	255	212	165	98	54
24	24	65	94	144	187	212	256	255	211	162	99	52
25	25	65	95	144	188	214	256	254	210	160	99	49
26	26	66	97	145	188	216	257	254	209	157	96	46
27	27	66	99	148	189	218	258	254	206	153	93	43
28	27	65	100	152	188	219	258	252	205	150	89	39
29	28	65	103	155	188	220	260	251	205	149	85	37
30	27		104	159	189	222	262	250	205	146	84	36
31	26		106		190		263	249		142		35

[표 48] 일평균기온 (진주: 0.1 ℃), 경남

일	1월	2월	3월	4월	5월	6월	7월	8월	9월	10월	11월	12월
1	6	−3	39	97	157	199	232	268	243	177	107	40
2	5	−2	42	98	157	202	233	267	241	175	103	37
3	2	0	44	100	158	205	236	266	238	172	101	35
4	2	3	45	103	159	208	238	265	236	169	100	33
5	2	6	45	106	161	209	239	264	233	166	101	33
6	0	8	45	110	164	209	239	265	231	164	102	33
7	1	11	46	113	166	209	241	265	229	161	102	32
8	4	12	47	116	168	209	242	263	227	160	99	31
9	4	14	50	118	169	209	243	262	224	161	97	31
10	4	17	54	118	171	209	243	261	222	161	94	27
11	4	19	60	120	172	211	243	259	218	160	91	24
12	3	21	65	122	172	212	243	258	216	160	90	22
13	2	24	68	123	173	213	243	257	214	159	89	20
14	1	25	69	125	174	214	245	257	211	155	85	17
15	0	26	70	127	172	217	247	257	209	151	80	18
16	0	28	70	130	171	218	248	256	208	148	75	17
17	0	29	70	132	173	219	250	257	206	145	70	16
18	−1	30	72	134	175	219	253	257	204	141	67	16
19	−3	30	75	136	178	221	255	258	201	138	63	17
20	−4	29	78	140	181	220	257	257	198	135	60	15
21	−5	29	81	142	185	220	260	255	196	132	60	15
22	−6	29	82	144	186	219	261	252	194	129	60	14
23	−5	29	83	145	187	219	261	251	193	127	58	14
24	−4	30	82	146	187	219	261	248	192	125	58	11
25	−4	30	83	146	187	221	261	247	190	121	57	9
26	−6	33	84	147	187	223	262	248	188	120	54	8
27	−8	34	87	148	189	225	264	248	186	118	52	7
28	−8	37	89	151	190	227	265	247	182	116	49	5
29	−7	38	92	153	192	227	267	246	181	114	46	6
30	−6		94	155	195	229	268	246	179	113	43	6
31	−5		96		197		269	245		110		6

[표 49] 일평균기온 (군산: 0.1 ℃), 전북

일	1월	2월	3월	4월	5월	6월	7월	8월	9월	10월	11월	12월
1	6	−10	29	81	144	190	232	268	241	182	114	44
2	3	−8	32	84	145	192	234	267	239	180	111	42
3	−1	−5	33	88	148	195	234	266	238	178	110	39
4	−2	−2	35	91	151	198	234	266	235	174	112	37
5	−2	1	36	94	154	200	235	265	233	172	113	38
6	−3	3	36	97	155	203	237	266	232	170	110	40
7	0	5	37	99	157	204	238	266	229	168	109	39
8	2	5	39	100	159	205	241	264	228	168	105	38
9	2	6	40	101	158	206	241	263	226	169	101	37
10	2	7	44	102	160	208	240	262	224	169	99	33
11	1	10	48	101	161	208	239	261	221	168	99	30
12	−1	12	52	102	161	210	240	261	219	167	98	28
13	−1	14	54	104	161	212	240	260	216	165	96	25
14	−2	15	55	107	162	212	241	259	214	161	92	24
15	−3	15	54	110	161	214	243	259	212	157	86	23
16	−3	17	54	114	162	215	246	259	211	154	81	20
17	−4	17	55	116	165	215	248	259	209	150	77	18
18	−6	16	58	119	167	215	250	260	208	147	75	19
19	−7	16	61	123	170	217	253	259	206	144	72	20
20	−6	16	64	125	173	218	256	257	204	142	71	21
21	−6	16	67	126	176	218	257	255	203	139	72	23
22	−7	16	67	129	179	219	258	251	201	137	70	23
23	−7	16	66	130	182	220	260	248	198	134	68	21
24	−7	17	66	131	183	220	260	246	196	131	66	18
25	−9	19	67	133	185	221	262	245	194	128	62	14
26	−10	21	66	136	185	222	265	245	193	128	57	13
27	−10	23	69	139	186	224	266	244	190	126	54	11
28	−11	26	72	142	186	226	268	245	189	125	52	10
29	−11	28	75	143	187	228	269	243	188	123	50	10
30	−10		77	144	189	231	269	243	185	120	47	9
31	−10		79		190		268	242		116		7

[표 50] 일평균기온 (전주: 0.1 ℃), 전북

일	1월	2월	3월	4월	5월	6월	7월	8월	9월	10월	11월	12월
1	2	−9	36	91	164	203	244	276	245	183	112	44
2	1	−9	39	94	165	207	244	274	244	181	109	42
3	−1	−7	39	98	167	209	244	273	242	178	109	39
4	−1	−4	39	102	169	212	245	272	239	174	111	35
5	−3	0	40	107	171	213	246	271	237	171	113	34
6	−5	4	40	112	172	215	247	272	235	168	113	35
7	−3	7	42	116	174	216	249	272	232	167	112	34
8	0	7	45	117	174	217	251	271	230	166	109	36
9	0	8	48	118	174	217	250	270	227	166	105	36
10	−1	10	52	119	175	219	250	269	225	166	101	33
11	−1	13	56	117	175	221	250	268	222	165	100	32
12	−3	15	60	116	173	223	250	267	220	164	97	29
13	−4	18	62	118	173	223	251	267	218	162	93	24
14	−4	18	64	119	173	224	252	266	217	158	88	22
15	−5	19	65	121	173	225	253	266	216	155	81	20
16	−4	19	66	127	175	227	256	265	215	152	74	16
17	−3	20	67	130	177	228	258	264	214	149	70	15
18	−3	20	70	135	180	229	260	264	213	147	67	15
19	−5	21	73	140	183	231	262	263	211	145	64	16
20	−5	22	77	142	187	231	265	260	208	142	65	17
21	−7	24	80	142	189	231	265	257	206	139	67	19
22	−9	25	80	142	191	230	266	255	204	137	67	19
23	−11	26	78	142	193	231	266	253	201	134	66	17
24	−11	26	77	142	194	231	267	252	198	131	66	14
25	−12	27	77	143	195	232	268	252	196	128	63	11
26	−12	29	76	146	196	234	271	251	193	126	58	9
27	−10	31	78	151	198	237	272	250	190	124	53	7
28	−9	33	82	156	199	239	274	249	187	123	51	4
29	−8	35	84	158	200	240	276	248	187	121	48	3
30	−7		86	162	201	242	276	247	185	119	46	2
31	−8		89		203		276	246		115		1

[표 51] 일평균기온 (부안: 0.1 ℃), 전북

일	1월	2월	3월	4월	5월	6월	7월	8월	9월	10월	11월	12월
1	1	−9	31	80	149	191	234	269	238	177	111	43
2	0	−9	33	82	150	193	235	268	237	175	108	40
3	−3	−7	34	86	152	195	235	267	235	172	108	37
4	−3	−4	34	89	154	198	236	266	232	168	108	34
5	−4	−1	35	93	157	199	236	265	230	166	109	33
6	−7	3	35	96	158	201	237	265	228	163	108	33
7	−5	6	37	100	161	203	239	265	225	162	108	33
8	−2	7	39	102	161	204	241	264	224	161	105	34
9	−2	8	42	104	161	205	241	264	222	161	103	34
10	−2	9	45	105	161	208	241	263	220	161	100	31
11	−3	12	49	105	160	209	241	262	217	160	99	30
12	−5	13	51	104	159	211	242	261	215	158	97	27
13	−6	15	53	105	158	212	243	261	212	155	93	23
14	−6	16	55	106	159	212	245	259	211	152	87	21
15	−7	16	55	109	160	213	246	260	209	149	81	20
16	−6	16	56	113	162	215	248	259	208	147	74	15
17	−5	17	58	117	165	215	250	258	207	146	69	14
18	−5	17	60	121	168	215	252	258	206	144	66	14
19	−7	17	63	126	171	218	254	257	204	141	64	14
20	−7	18	65	127	174	219	256	255	201	139	64	15
21	−8	19	68	126	177	219	256	252	199	136	65	17
22	−10	20	68	127	179	219	258	249	197	134	65	16
23	−11	20	67	127	181	221	259	247	194	131	64	15
24	−11	20	66	127	182	220	259	245	191	128	63	12
25	−12	21	66	128	184	221	261	244	189	125	61	9
26	−12	23	66	131	185	223	263	244	187	124	56	7
27	−10	26	68	135	187	226	264	243	184	122	53	6
28	−10	28	71	140	187	228	266	243	182	120	51	4
29	−9	30	73	143	187	230	268	241	182	119	49	3
30	−8		75	146	188	233	268	241	179	117	46	1
31	−8		78		190		268	240		114		1

[표 52] 일평균기온 (임실: 0.1 ℃), 전북

일	1월	2월	3월	4월	5월	6월	7월	8월	9월	10월	11월	12월
1	-21	-29	20	71	144	182	226	255	222	159	85	19
2	-21	-30	22	73	145	186	226	253	221	156	82	16
3	-21	-29	21	78	146	189	227	252	220	153	82	12
4	-20	-25	21	81	148	193	229	251	218	148	82	9
5	-21	-20	20	86	149	194	230	250	216	145	83	9
6	-23	-15	20	91	150	196	230	250	215	141	83	10
7	-21	-12	22	94	151	197	232	250	212	138	83	9
8	-18	-11	25	95	150	198	233	249	211	137	81	10
9	-17	-9	28	97	150	199	232	248	209	137	79	11
10	-17	-8	32	97	149	200	232	248	206	137	76	7
11	-18	-6	36	96	149	202	232	247	203	137	75	4
12	-19	-3	39	95	150	203	233	247	201	137	72	1
13	-21	-1	41	97	152	203	233	246	199	135	68	-2
14	-22	0	43	97	154	204	235	245	198	131	62	-5
15	-22	1	45	99	155	206	236	245	196	127	56	-5
16	-22	1	46	105	157	207	238	244	195	123	49	-9
17	-21	1	48	111	159	208	239	242	193	119	44	-9
18	-21	2	51	116	161	209	242	241	191	117	41	-8
19	-23	3	54	121	164	211	244	241	188	115	38	-7
20	-23	4	56	124	167	211	247	238	185	113	36	-7
21	-24	6	59	124	169	212	247	236	182	111	37	-4
22	-28	9	60	122	170	212	248	235	179	110	37	-4
23	-31	11	58	119	170	213	248	233	177	109	37	-5
24	-30	13	58	116	171	213	248	231	174	106	38	-8
25	-32	15	58	116	172	214	248	230	171	103	38	-11
26	-33	17	58	119	172	215	249	229	167	101	36	-13
27	-30	19	60	124	174	219	250	228	165	99	33	-16
28	-28	19	63	131	175	220	251	226	162	96	30	-20
29	-27	20	64	136	176	221	253	225	162	94	26	-22
30	-27		66	141	178	223	254	225	160	93	23	-23
31	-28		69		181		255	223		89		-22

[표 53] 일평균기온 (정읍: 0.1 ℃), 전북

일	1월	2월	3월	4월	5월	6월	7월	8월	9월	10월	11월	12월
1	2	-10	33	87	159	200	240	273	241	181	112	44
2	0	-9	36	90	161	203	240	272	240	178	110	42
3	-2	-7	37	94	162	205	240	271	238	176	110	39
4	-2	-4	37	98	165	207	242	270	235	172	111	35
5	-3	-1	38	102	167	208	242	269	232	169	113	34
6	-5	3	39	107	168	210	244	269	231	166	112	34
7	-3	6	41	111	170	211	245	269	228	165	111	34
8	-1	7	43	112	170	213	247	268	226	164	107	35
9	-1	8	46	113	170	213	247	267	224	164	104	35
10	-2	10	49	114	170	215	247	266	222	165	101	33
11	-2	12	53	113	170	217	247	265	219	164	100	31
12	-4	14	56	112	169	218	247	264	216	162	97	28
13	-5	16	58	114	168	218	249	264	214	160	93	24
14	-5	16	60	114	169	219	251	263	213	157	87	22
15	-5	17	61	117	169	220	252	263	212	153	81	20
16	-5	17	61	122	171	222	254	262	211	151	74	16
17	-4	18	63	126	174	223	256	261	210	148	70	14
18	-5	18	66	130	177	224	257	261	209	145	67	15
19	-6	19	69	136	180	226	260	260	208	143	65	15
20	-7	21	73	137	183	226	262	257	205	140	65	16
21	-8	22	76	136	186	226	262	255	203	138	67	18
22	-10	23	76	137	188	226	263	252	201	136	67	18
23	-11	23	74	137	189	227	264	250	197	133	65	16
24	-11	23	73	137	190	226	264	249	195	130	64	13
25	-12	23	73	139	192	227	265	248	192	128	62	11
26	-12	25	73	142	193	229	267	248	190	126	57	9
27	-10	27	75	147	195	232	268	247	187	124	53	7
28	-9	30	78	152	195	234	270	245	185	122	51	4
29	-8	32	81	154	196	236	272	244	184	121	48	3
30	-8		83	157	197	238	273	243	182	119	47	1
31	-8		86		199		273	243		115		1

[표 54] 일평균기온 (남원: 0.1 ℃), 전북

일	1월	2월	3월	4월	5월	6월	7월	8월	9월	10월	11월	12월
1	−13	−15	29	83	160	197	238	265	233	172	92	31
2	−13	−15	30	85	162	201	238	264	233	168	88	27
3	−13	−15	31	89	163	204	239	263	232	163	87	22
4	−11	−12	33	92	164	207	241	262	230	157	88	17
5	−13	−7	34	97	164	210	241	260	229	153	89	14
6	−17	−2	36	101	164	211	240	261	227	151	90	14
7	−17	0	38	105	164	213	242	262	224	149	93	13
8	−15	0	41	106	163	214	242	261	223	149	92	13
9	−15	1	44	108	162	215	241	260	221	149	92	16
10	−13	1	45	108	161	215	241	260	219	149	90	14
11	−10	3	47	109	160	216	242	259	216	149	88	13
12	−8	7	50	109	162	216	243	258	214	148	85	11
13	−9	10	51	111	164	217	243	258	213	144	80	8
14	−8	11	54	113	167	219	246	257	211	139	73	5
15	−9	12	59	115	169	221	247	257	209	135	67	4
16	−9	11	61	121	171	222	249	257	208	132	59	0
17	−10	11	63	126	172	224	249	255	207	129	51	−1
18	−9	13	66	131	174	226	250	252	205	128	48	−2
19	−12	14	68	136	175	227	252	252	203	128	45	−2
20	−14	16	69	139	178	227	254	249	199	127	41	−4
21	−15	19	71	139	181	227	255	246	195	125	41	−1
22	−18	23	70	136	183	226	257	245	191	124	42	−1
23	−21	27	69	133	185	225	259	244	187	121	43	0
24	−18	30	68	131	187	224	260	242	183	117	44	−2
25	−17	31	69	129	188	225	260	241	180	113	46	−4
26	−18	32	69	130	188	227	260	240	177	110	46	−7
27	−17	31	72	136	190	230	260	239	177	107	44	−9
28	−16	30	74	143	190	233	261	237	176	104	41	−12
29	−15	30	77	148	191	233	262	236	176	102	37	−14
30	−15		79	155	193	235	263	235	175	101	34	−16
31	−16		81		196		265	234		97		−16

[표 55] 일평균기온 (장수: 0.1 ℃), 전북

일	1월	2월	3월	4월	5월	6월	7월	8월	9월	10월	11월	12월
1	-24	-35	16	66	142	176	220	245	213	150	76	17
2	-24	-35	17	69	143	180	220	243	214	147	73	12
3	-24	-34	18	73	145	184	221	242	212	143	73	8
4	-23	-30	19	77	147	187	222	240	210	138	74	5
5	-26	-24	19	83	150	188	221	238	207	134	76	3
6	-31	-20	20	87	150	190	221	238	205	130	77	4
7	-31	-19	22	92	150	192	221	239	202	128	78	3
8	-29	-18	24	93	149	193	222	240	200	128	76	4
9	-30	-17	25	95	148	193	221	239	197	129	75	4
10	-29	-17	27	95	145	194	222	239	195	129	72	1
11	-26	-15	30	95	145	195	223	238	192	129	70	0
12	-26	-12	33	95	147	195	225	237	190	128	67	-3
13	-27	-8	35	96	149	195	226	236	188	124	62	-5
14	-27	-7	39	97	151	196	228	235	186	119	54	-7
15	-28	-7	42	100	152	198	228	235	184	117	48	-7
16	-29	-7	44	105	154	200	229	234	183	114	40	-10
17	-29	-8	47	110	155	201	230	232	181	111	34	-11
18	-27	-8	49	114	156	203	231	231	180	110	32	-12
19	-30	-6	51	119	159	205	233	230	178	109	29	-12
20	-31	-5	53	122	163	205	236	228	175	106	27	-13
21	-32	-3	55	122	165	205	237	226	171	103	29	-9
22	-35	0	54	121	166	204	238	225	168	102	30	-8
23	-36	3	52	118	167	204	239	224	165	101	30	-9
24	-33	5	52	116	168	204	239	222	161	97	32	-12
25	-33	8	53	115	167	205	239	221	159	94	33	-14
26	-34	12	54	117	166	208	240	220	156	92	31	-17
27	-32	15	57	122	169	211	241	218	154	89	29	-21
28	-32	15	59	128	168	214	241	216	152	86	27	-24
29	-32	16	61	133	169	215	243	216	152	85	24	-26
30	-32		63	138	172	217	244	215	151	84	21	-27
31	-34		65		175		246	215		80		-26

[표 56] 일평균기온 (광주: 0.1 ℃), 전남

일	1월	2월	3월	4월	5월	6월	7월	8월	9월	10월	11월	12월
1	12	2	44	98	165	206	239	275	247	188	119	55
2	10	3	46	101	167	209	239	274	246	186	116	53
3	9	4	47	105	168	212	240	273	244	183	116	49
4	9	7	47	108	169	215	242	272	241	180	118	45
5	9	11	47	113	171	216	243	271	239	177	119	44
6	7	15	48	117	172	217	244	271	237	175	119	44
7	9	17	50	121	173	217	246	271	234	173	118	43
8	11	18	51	122	174	218	247	270	232	173	115	43
9	11	19	55	124	175	218	247	269	230	173	112	43
10	11	20	59	124	175	219	247	268	228	173	109	41
11	10	23	64	123	176	221	247	268	225	172	107	39
12	8	26	67	122	176	222	247	266	223	171	105	36
13	7	28	69	123	176	223	248	266	220	168	101	32
14	6	28	71	124	176	224	250	265	219	165	96	30
15	5	29	71	126	176	225	252	266	218	161	90	28
16	6	29	71	131	177	226	254	265	217	159	84	25
17	7	29	72	135	178	227	256	265	217	156	78	24
18	7	29	76	138	181	228	258	264	216	154	76	25
19	6	30	80	143	184	230	261	263	215	151	73	26
20	6	31	83	144	187	229	263	260	212	149	72	26
21	5	32	87	145	190	229	264	258	211	147	74	28
22	3	34	86	145	192	229	264	255	208	145	75	28
23	1	34	84	145	194	229	265	253	205	143	74	26
24	1	35	84	145	195	228	265	252	203	140	74	23
25	−1	36	84	146	196	229	266	252	201	137	72	21
26	−1	38	84	148	197	230	268	252	198	135	68	19
27	0	39	87	152	200	233	269	251	196	133	64	18
28	2	41	90	157	201	234	271	250	193	131	62	16
29	3	43	92	159	202	235	273	249	192	130	60	14
30	4		94	163	203	237	274	249	190	127	58	13
31	3		97		205		274	248		123		12

[표 57] 일평균기온 (목포: 0.1 ℃), 전남

일	1월	2월	3월	4월	5월	6월	7월	8월	9월	10월	11월	12월
1	25	11	43	93	155	195	230	270	247	194	131	68
2	23	12	46	95	156	197	231	269	245	192	129	65
3	22	13	47	99	157	200	231	269	243	190	128	62
4	22	16	47	102	159	203	232	269	241	187	129	58
5	21	18	48	105	161	204	233	268	239	184	130	56
6	19	21	49	109	161	205	234	269	237	182	128	56
7	21	23	51	112	163	206	236	269	234	181	127	55
8	22	24	52	113	163	207	237	269	233	181	124	55
9	22	25	55	114	164	207	238	268	231	181	122	55
10	22	26	58	115	165	208	238	267	229	181	119	53
11	21	29	62	114	165	210	238	266	227	180	118	51
12	19	30	64	113	165	211	239	264	227	179	115	48
13	18	32	65	114	166	212	241	263	225	176	112	45
14	17	32	67	115	166	213	243	263	224	173	107	43
15	16	32	68	118	166	215	246	263	223	170	101	41
16	16	32	68	123	168	216	248	263	222	167	95	38
17	17	32	69	127	170	217	250	263	221	165	91	37
18	17	32	72	131	172	218	252	263	220	162	89	38
19	16	33	75	135	175	220	254	262	219	160	87	39
20	15	35	78	136	179	220	256	260	216	159	86	39
21	14	36	80	136	181	220	257	258	214	157	88	41
22	13	36	80	136	183	219	257	256	212	155	88	40
23	11	36	79	136	185	219	258	254	209	153	87	38
24	11	35	78	137	186	219	258	252	207	151	86	36
25	10	35	79	138	187	220	259	253	205	148	84	34
26	11	37	78	141	188	221	261	252	203	146	79	32
27	12	39	81	144	190	224	263	252	200	143	76	30
28	13	41	84	148	191	226	265	251	198	141	74	28
29	13	42	86	150	191	227	267	250	197	140	72	26
30	14		88	152	192	228	268	249	196	137	70	25
31	13		92		194		269	248		134		24

[표 58] 일평균기온 (여수: 0.1 ℃), 전남

일	1월	2월	3월	4월	5월	6월	7월	8월	9월	10월	11월	12월
1	32	19	55	148	157	194	222	262	248	199	138	75
2	30	19	58	105	158	196	223	263	246	198	135	73
3	29	21	59	108	160	198	224	262	244	196	135	70
4	28	24	60	112	161	201	226	263	241	193	137	66
5	28	28	59	115	164	202	227	262	239	191	139	63
6	26	32	59	119	166	203	228	263	238	189	138	63
7	26	34	61	121	168	203	231	263	236	188	136	62
8	28	35	62	123	168	203	232	263	235	187	131	62
9	28	36	65	124	169	204	233	262	234	188	127	63
10	28	37	70	124	169	205	233	262	232	188	124	60
11	27	39	74	124	169	207	234	260	230	187	122	59
12	25	42	76	125	168	208	235	259	228	186	120	56
13	24	45	78	126	168	209	236	259	226	184	118	51
14	23	44	79	127	169	209	238	259	224	180	114	48
15	23	45	79	130	170	210	241	259	223	177	108	47
16	24	44	80	133	170	210	243	259	222	175	102	44
17	25	43	81	136	172	212	244	260	223	172	97	43
18	25	43	84	138	176	213	247	260	222	169	95	45
19	24	43	87	141	179	214	248	260	221	167	93	47
20	23	44	90	142	181	214	250	258	219	165	93	47
21	21	46	92	143	184	214	251	256	216	162	96	49
22	20	46	92	144	186	213	252	254	214	160	96	49
23	18	47	91	144	186	213	252	253	212	158	95	47
24	18	48	91	146	187	213	253	252	210	156	95	43
25	17	48	91	147	188	215	254	251	209	154	92	41
26	17	49	92	148	188	216	255	251	207	153	87	39
27	18	51	94	150	189	217	257	251	205	151	84	38
28	19	53	96	152	190	219	258	251	202	149	81	36
29	20	54	99	154	191	219	260	251	201	147	79	34
30	21		100	155	192	220	261	251	200	144	78	33
31	20		102		192		262	250		140		32

[표 59] 일평균기온 (흑산도: 0.1 ℃), 전남

일	1월	2월	3월	4월	5월	6월	7월	8월	9월	10월	11월	12월
1	40	25	21	83	134	169	211	247	231	193	136	88
2	40	24	23	86	135	170	211	248	231	191	135	83
3	41	25	29	88	137	172	212	249	230	189	135	79
4	39	27	28	89	138	174	212	249	228	186	135	74
5	36	30	30	90	140	175	213	250	226	185	137	69
6	32	33	29	94	140	177	212	251	225	183	136	68
7	32	34	21	97	140	181	213	252	224	183	135	67
8	33	35	21	98	138	183	214	251	223	183	134	68
9	34	36	25	100	137	185	215	251	222	183	132	66
10	36	34	25	102	135	186	215	249	222	182	129	65
11	37	35	19	102	135	187	217	248	221	180	128	63
12	36	36	31	100	137	189	217	247	220	178	125	62
13	34	36	28	100	141	190	219	247	217	175	119	60
14	33	35	21	101	143	190	221	247	216	172	113	61
15	33	36	14	102	146	190	222	249	214	171	107	60
16	34	36	25	106	148	192	224	248	214	170	99	59
17	35	37	19	110	147	192	227	248	214	169	95	59
18	36	39	31	113	148	194	228	247	214	167	93	57
19	33	43	27	116	151	196	229	247	213	167	94	56
20	31	46	28	115	153	198	231	245	210	165	94	57
21	28	47	23	113	155	197	232	244	206	164	98	59
22	25	49	20	112	157	197	233	243	203	163	102	57
23	23	49	17	110	160	196	235	241	201	161	103	55
24	25	47	22	110	160	195	236	239	200	157	102	53
25	26	46	15	111	162	196	237	238	200	154	101	50
26	27	48	17	114	163	198	238	238	200	151	98	46
27	29	48	15	119	164	201	241	237	199	147	95	45
28	30	48	24	123	164	203	243	236	198	143	92	41
29	30	48	23	126	164	206	244	235	197	142	91	40
30	28		19	130	165	208	245	234	195	140	91	39
31	28		21		167		247	232		137		39

[표 60] 일평균기온 (완도: 0.1 ℃), 전남

일	1월	2월	3월	4월	5월	6월	7월	8월	9월	10월	11월	12월
1	34	20	53	98	152	190	223	264	246	197	134	75
2	33	20	55	100	153	192	224	264	245	195	132	73
3	32	22	56	103	155	195	225	264	243	193	131	69
4	32	24	57	106	157	198	226	263	240	190	132	65
5	32	28	56	110	160	199	228	262	238	188	134	63
6	30	31	57	113	162	199	228	262	237	186	133	62
7	31	33	59	116	164	200	231	262	235	184	132	61
8	32	35	60	118	164	200	232	262	233	184	128	61
9	32	36	62	119	164	200	233	261	232	184	125	62
10	31	36	66	119	164	201	234	261	230	184	122	59
11	30	39	70	119	164	203	235	260	229	183	121	58
12	28	41	72	120	164	205	235	259	228	182	118	56
13	27	42	74	121	164	205	237	259	226	180	116	52
14	25	42	75	122	165	206	240	259	224	177	111	50
15	24	43	76	125	165	207	242	259	223	173	106	49
16	25	42	76	129	166	208	243	259	221	171	101	46
17	26	41	77	131	167	209	245	259	221	169	96	45
18	26	42	80	134	171	211	247	259	220	166	94	46
19	25	42	83	137	174	212	248	259	219	164	92	47
20	25	43	85	138	176	212	250	257	217	163	91	47
21	24	44	87	138	178	213	251	255	215	160	93	49
22	22	45	87	138	180	212	251	253	213	158	93	48
23	20	46	86	138	181	212	252	252	211	156	93	46
24	20	46	85	139	182	213	252	251	209	153	92	44
25	19	46	86	139	183	214	253	251	208	150	90	42
26	19	48	87	141	184	215	255	252	206	148	86	40
27	20	49	89	144	185	217	257	252	203	145	83	39
28	21	51	92	147	185	219	258	251	201	143	81	37
29	22	52	94	148	186	219	260	250	200	142	79	35
30	23		95	150	187	221	262	249	198	140	77	34
31	22		97		188		263	248		137		33

[표 61] 일평균기온 (순천: 0.1 ℃), 전남

일	1월	2월	3월	4월	5월	6월	7월	8월	9월	10월	11월	12월
1	−1	−6	36	90	154	194	232	265	237	173	101	38
2	−1	−6	38	92	155	197	233	263	235	170	98	35
3	−2	−5	38	95	157	200	234	262	233	167	97	32
4	−2	−3	38	97	157	204	237	261	230	163	97	30
5	−2	1	38	102	159	206	238	260	227	159	98	28
6	−4	4	38	105	160	206	239	260	225	156	99	28
7	−3	6	40	109	162	206	240	260	223	153	100	27
8	0	8	42	111	163	207	241	259	221	152	97	27
9	1	10	45	114	164	207	241	259	219	152	95	28
10	0	12	48	114	165	207	241	258	216	153	92	25
11	1	14	53	114	166	209	242	257	213	153	89	24
12	−1	16	56	115	166	210	242	256	210	152	87	22
13	−3	18	59	115	166	211	243	256	208	150	84	18
14	−4	18	60	116	167	212	245	256	206	147	78	15
15	−5	20	62	118	167	214	247	256	204	143	73	14
16	−5	20	63	122	166	215	248	255	203	140	67	12
17	−4	20	65	125	167	217	250	255	202	136	61	10
18	−3	21	67	128	170	219	252	254	201	134	58	10
19	−4	21	71	132	173	221	254	254	200	132	55	11
20	−4	21	74	135	175	222	256	251	196	130	54	10
21	−5	23	77	136	178	222	257	248	194	127	55	12
22	−7	25	77	136	180	222	257	245	192	125	55	11
23	−9	26	77	135	181	221	257	243	190	123	54	10
24	−9	28	76	136	182	221	258	242	186	121	55	8
25	−10	28	77	136	183	222	258	241	184	117	54	6
26	−11	30	77	137	184	224	259	242	182	115	52	5
27	−11	32	80	141	186	226	260	242	179	113	49	4
28	−9	33	82	145	187	228	262	241	177	111	47	1
29	−8	35	84	147	188	228	263	239	176	110	43	0
30	−6		86	151	190	229	264	239	175	109	41	−1
31	−6		88		192		264	238		106		−2

[표 62] 일평균기온 (장흥: 0.1 ℃), 전남

일	1월	2월	3월	4월	5월	6월	7월	8월	9월	10월	11월	12월
1	11	2	40	89	151	192	228	264	239	179	109	48
2	10	2	42	91	152	194	229	264	237	176	106	46
3	9	4	42	94	154	197	230	263	235	173	105	43
4	9	6	42	96	155	201	232	262	232	170	105	40
5	10	9	42	101	157	202	233	261	230	166	107	39
6	8	12	42	104	158	202	234	261	228	163	107	38
7	9	15	44	108	160	203	236	261	225	161	108	37
8	11	16	46	110	160	203	237	261	223	160	105	36
9	12	17	48	113	161	204	237	260	221	160	103	37
10	11	19	51	113	161	205	238	260	219	160	101	35
11	11	21	56	113	163	207	238	259	217	160	98	34
12	9	24	59	113	163	208	239	257	216	159	96	32
13	8	25	61	113	164	208	240	257	213	157	93	29
14	6	26	63	113	165	209	243	257	211	154	88	26
15	5	27	64	115	165	210	245	257	210	150	82	25
16	5	27	65	119	164	212	247	256	208	148	76	22
17	5	27	66	123	166	213	248	256	207	145	71	21
18	6	27	69	126	169	215	250	255	206	143	69	22
19	5	27	71	131	171	217	252	255	205	141	65	23
20	5	27	74	133	174	217	254	253	202	139	64	22
21	5	29	78	134	177	217	254	250	200	137	65	23
22	3	30	78	134	179	217	255	248	197	135	65	23
23	1	32	78	133	180	217	255	247	195	132	64	21
24	1	33	77	133	182	217	255	245	192	130	65	19
25	0	33	78	133	183	219	256	245	190	126	64	17
26	−1	36	77	135	183	220	257	246	188	124	62	16
27	−1	37	80	138	185	222	258	245	186	122	59	15
28	0	39	82	143	186	223	260	244	183	120	57	13
29	0	40	84	145	187	224	262	244	182	118	54	12
30	2		86	149	188	225	263	242	181	117	51	11
31	2		88		190		264	241		113		10

[표 63] 일평균기온 (해남: 0.1 ℃), 전남

일	1월	2월	3월	4월	5월	6월	7월	8월	9월	10월	11월	12월
1	19	8	42	91	153	193	230	268	243	184	117	57
2	17	8	44	92	154	196	231	268	241	182	115	55
3	16	9	45	95	155	199	232	267	239	179	114	53
4	16	10	45	98	157	202	233	266	236	176	115	50
5	17	13	45	101	159	203	234	265	234	173	117	49
6	16	15	46	105	159	204	235	265	232	170	117	48
7	17	19	48	110	162	205	237	265	230	168	117	46
8	18	20	49	112	163	206	238	265	228	168	115	46
9	18	22	51	113	164	206	239	264	226	168	113	46
10	17	24	55	114	165	207	239	263	224	168	110	44
11	16	27	60	113	166	209	240	262	222	168	109	43
12	15	28	63	112	166	210	241	261	220	166	107	41
13	14	29	64	113	166	210	243	260	218	165	103	37
14	13	29	66	114	166	211	246	260	216	161	97	34
15	12	30	67	116	165	212	248	260	215	157	92	33
16	12	29	67	121	166	214	250	260	214	155	86	30
17	12	28	67	125	168	215	251	260	213	153	81	29
18	13	28	70	129	171	217	253	260	212	150	78	30
19	12	29	72	133	174	219	255	259	210	148	75	30
20	12	30	76	135	178	219	256	257	207	147	74	30
21	11	32	79	135	180	219	257	254	205	144	74	31
22	10	33	80	135	181	219	257	252	203	142	74	30
23	8	35	79	135	182	219	258	250	200	141	74	29
24	8	35	78	135	184	219	258	249	197	138	74	27
25	6	35	79	135	185	221	259	249	196	135	73	25
26	5	37	78	138	186	222	261	249	193	133	70	24
27	6	39	80	141	188	224	262	249	191	131	67	23
28	7	40	83	146	189	226	264	248	189	129	65	22
29	7	41	86	148	189	226	265	247	188	127	62	21
30	9		87	151	190	228	266	246	186	125	59	19
31	8		90		192		268	245		121		18

[표 64] 일평균기온 (고흥: 0.1 ℃), 전남

일	1월	2월	3월	4월	5월	6월	7월	8월	9월	10월	11월	12월
1	18	10	48	97	156	193	228	266	245	187	120	57
2	17	10	51	98	157	196	229	266	243	185	117	55
3	16	12	51	102	158	198	230	265	240	182	116	52
4	17	14	52	105	160	201	231	265	237	179	117	49
5	17	18	51	109	162	203	233	263	234	176	118	47
6	15	21	51	112	163	203	233	263	233	174	118	46
7	16	24	53	116	165	203	235	264	231	172	118	45
8	18	25	55	118	166	203	237	264	229	172	115	45
9	18	26	57	120	166	204	238	263	228	172	113	45
10	17	28	60	120	167	205	238	263	226	172	110	44
11	17	30	64	120	168	207	239	262	223	172	108	42
12	15	32	67	121	167	208	240	260	221	170	106	40
13	14	34	69	121	167	209	242	260	219	168	103	37
14	12	34	71	122	168	209	244	260	216	164	97	34
15	11	34	73	124	167	210	246	260	215	161	91	33
16	12	34	73	127	167	211	248	259	214	158	86	30
17	13	34	74	131	170	213	249	259	213	155	80	28
18	14	34	76	133	173	215	251	259	213	152	77	29
19	13	34	79	137	176	217	253	258	211	151	74	30
20	13	35	82	139	178	217	255	256	209	150	74	30
21	13	36	85	140	181	217	256	254	207	147	74	32
22	11	37	86	140	183	216	256	252	204	145	75	32
23	9	38	85	140	184	216	256	250	202	143	74	31
24	9	40	85	141	185	216	256	248	200	140	75	28
25	8	40	84	141	186	218	257	249	198	136	74	27
26	7	42	85	142	186	220	258	249	196	134	71	25
27	8	44	87	145	187	222	260	249	194	132	68	23
28	8	45	90	149	187	223	262	249	192	131	66	22
29	9	47	92	151	188	224	263	249	191	129	62	20
30	10		94	153	189	225	265	248	189	127	60	18
31	10		96		191		265	246		123		17

[표 65] 일평균기온 (제주: 0.1 ℃), 제주

일	1월	2월	3월	4월	5월	6월	7월	8월	9월	10월	11월	12월
1	67	48	76	111	163	195	240	276	254	206	151	100
2	65	48	78	113	164	197	241	276	253	205	149	98
3	64	50	78	116	166	199	241	276	251	203	149	96
4	64	52	79	120	169	201	241	275	248	200	151	93
5	63	55	78	123	172	202	241	274	245	198	152	92
6	61	59	79	127	171	203	241	275	243	196	151	91
7	63	61	80	130	173	205	243	274	242	195	150	89
8	64	61	81	131	173	207	246	274	241	195	148	90
9	64	62	82	131	172	208	249	273	240	195	145	90
10	63	63	85	131	172	210	251	272	238	195	142	88
11	62	64	88	130	174	211	253	271	236	194	141	87
12	60	67	91	129	173	212	254	270	234	193	139	85
13	59	68	93	131	172	211	257	269	232	191	136	81
14	57	68	94	132	172	212	258	269	230	187	132	80
15	56	68	95	134	173	212	259	269	229	184	128	79
16	56	67	95	138	173	214	261	268	229	183	123	76
17	57	66	95	141	175	216	263	268	228	181	119	76
18	57	66	98	143	178	219	264	268	228	179	117	76
19	56	66	100	147	180	221	266	268	227	177	114	77
20	56	68	103	148	181	221	268	267	225	176	114	78
21	55	69	105	148	182	221	269	266	224	174	115	79
22	53	70	106	148	184	221	269	265	222	172	116	79
23	51	71	104	149	186	221	268	263	219	170	116	78
24	51	71	102	150	188	222	267	262	217	167	116	75
25	49	70	103	150	190	225	267	262	216	165	114	74
26	48	71	102	153	191	227	268	262	214	163	110	72
27	50	72	103	156	192	230	269	261	212	161	107	71
28	51	73	105	159	191	233	270	259	210	160	104	69
29	51	75	107	159	191	235	272	258	209	159	102	69
30	51		108	161	192	237	274	256	208	157	101	67
31	50		110		194		275	256		153		67

[표 66] 일평균기온 (서귀포: 0.1 ℃), 제주

일	1월	2월	3월	4월	5월	6월	7월	8월	9월	10월	11월	12월
1	77	62	87	124	170	202	234	276	260	217	162	112
2	75	62	89	125	171	204	235	276	258	216	161	110
3	74	63	89	127	172	206	236	276	256	214	161	108
4	74	65	91	130	174	207	237	275	255	211	163	106
5	74	68	90	133	175	208	238	276	254	209	165	105
6	71	71	90	137	175	209	238	276	253	207	165	103
7	72	73	91	140	177	210	241	275	252	206	164	101
8	73	73	92	141	178	211	242	275	251	206	161	102
9	73	74	93	142	179	212	245	274	250	206	156	102
10	73	76	96	141	180	213	247	274	248	206	153	100
11	72	78	100	141	181	214	249	273	245	205	152	99
12	71	81	103	141	181	215	251	272	243	205	150	97
13	70	83	106	141	181	215	253	272	241	203	149	93
14	69	84	107	142	181	215	254	272	239	200	146	91
15	68	84	108	145	181	216	256	272	238	197	142	89
16	70	83	109	147	181	217	257	272	238	194	137	86
17	70	82	109	150	183	219	259	273	238	191	132	85
18	69	80	110	152	186	220	261	273	238	188	129	86
19	69	79	112	155	187	221	264	272	237	187	127	87
20	68	81	115	156	189	221	266	271	234	186	127	87
21	67	82	117	157	191	221	267	269	233	184	129	89
22	65	82	118	158	193	221	268	268	231	183	129	89
23	63	83	117	159	194	222	268	267	229	182	129	88
24	62	84	116	159	196	223	268	266	227	179	129	86
25	59	83	116	159	198	225	269	266	226	177	127	86
26	59	84	115	160	198	226	271	266	224	176	124	84
27	60	84	116	162	199	227	272	265	222	174	121	83
28	62	86	118	164	199	229	274	265	220	173	118	82
29	63	87	121	166	199	230	275	264	219	171	116	80
30	64		121	168	200	231	275	263	218	169	113	78
31	64		123		201		275	262		165		77

■ 북한: 한국기상청: 1981~2010년

[표 67] 일평균기온 (선봉: 0.1 ℃), 함북

일	1월	2월	3월	4월	5월	6월	7월	8월	9월	10월	11월	12월
1	-67	-68	-23	40	91	133	171	217	200	137	58	-18
2	-70	-67	-21	44	93	136	174	220	196	135	57	-19
3	-72	-65	-20	48	96	139	177	221	194	132	58	-23
4	-71	-62	-18	49	97	143	180	221	192	128	58	-27
5	-70	-57	-17	49	97	145	184	221	191	125	57	-29
6	-69	-52	-16	49	97	146	185	221	190	124	53	-30
7	-67	-49	-16	51	97	146	185	220	190	123	48	-31
8	-66	-50	-15	50	96	146	185	219	188	123	41	-29
9	-68	-49	-12	52	98	146	185	219	185	124	36	-30
10	-70	-51	-10	54	102	147	185	218	182	124	33	-33
11	-73	-51	-5	57	103	149	187	218	179	123	30	-35
12	-75	-50	-1	59	105	150	190	219	177	120	27	-41
13	-75	-48	0	61	108	151	192	220	174	115	24	-44
14	-74	-48	3	62	109	151	193	220	173	109	20	-46
15	-74	-45	5	64	109	152	196	221	171	104	16	-50
16	-74	-44	8	64	110	151	197	220	170	100	11	-53
17	-72	-43	11	64	113	152	197	218	168	97	7	-52
18	-72	-43	13	65	115	155	199	216	166	95	5	-52
19	-71	-41	14	67	117	158	200	215	162	92	4	-52
20	-71	-39	16	67	120	160	201	214	158	90	3	-49
21	-72	-37	17	70	121	163	202	214	155	87	4	-47
22	-73	-36	18	73	121	166	203	213	154	85	3	-48
23	-73	-34	19	76	121	168	204	211	153	82	0	-51
24	-72	-33	21	80	125	168	206	209	153	80	-4	-52
25	-71	-32	22	85	126	170	208	208	153	78	-8	-54
26	-70	-28	23	87	126	171	210	207	150	78	-13	-57
27	-68	-26	24	90	129	171	212	207	146	75	-15	-58
28	-67	-25	24	90	130	170	212	207	144	72	-16	-60
29	-66	-24	26	90	129	170	213	206	143	69	-16	-62
30	-66		31	90	129	170	215	205	140	65	-17	-64
31	-66		36		131		246	203		60		-66

[표 68] 일평균기온 (삼지연: 0.1 ℃), 함북

일	1월	2월	3월	4월	5월	6월	7월	8월	9월	10월	11월	12월
1	40	39	44	40	39	37	27	22	23	35	39	53
2	47	43	39	38	37	32	21	18	24	29	44	58
3	41	43	50	40	43	31	21	19	25	28	42	59
4	50	46	50	42	42	32	22	21	29	31	53	46
5	61	56	47	40	37	29	22	28	25	42	42	58
6	49	52	43	50	43	29	17	24	20	35	42	56
7	49	50	48	40	34	29	20	23	16	35	52	50
8	55	51	49	44	34	33	23	21	27	38	52	55
9	61	54	51	47	37	29	25	23	26	35	45	59
10	51	50	51	45	37	35	20	23	33	33	54	55
11	43	46	44	44	38	33	18	22	34	38	42	57
12	53	55	52	38	32	27	19	23	29	43	47	51
13	59	54	53	43	32	26	19	19	32	42	55	44
14	59	43	45	36	34	26	17	21	27	35	56	54
15	52	53	41	38	27	24	15	27	30	30	52	66
16	54	54	39	41	32	23	16	27	27	40	50	61
17	39	49	44	36	37	31	23	20	27	43	46	50
18	45	53	49	44	39	32	22	21	33	37	64	56
19	61	62	42	45	32	27	23	24	29	37	52	51
20	53	63	38	41	39	25	22	23	32	42	46	41
21	54	65	46	47	39	19	23	21	32	39	53	48
22	50	60	41	44	39	27	19	24	26	44	47	56
23	50	56	41	43	43	21	23	21	30	51	51	50
24	55	60	42	38	40	23	22	17	26	46	55	61
25	55	57	47	42	41	20	23	17	33	41	51	62
26	49	50	40	42	30	25	21	17	40	48	57	67
27	41	55	43	41	32	23	23	18	37	39	49	55
28	54	50	44	38	31	22	22	25	38	37	56	59
29	54	62	41	37	31	22	20	26	26	45	55	46
30	40		45	44	39	22	18	22	29	46	52	47
31	42		48		37		17	21		41		44

[표 69] 일평균기온 (청진: 0.1 ℃), 함북

일	1월	2월	3월	4월	5월	6월	7월	8월	9월	10월	11월	12월
1	-46	-52	-13	47	100	140	176	222	206	148	72	0
2	-49	-51	-10	52	101	142	178	224	204	146	72	-1
3	-50	-50	-10	56	104	145	182	226	201	144	73	-4
4	-50	-48	-9	58	106	148	185	226	199	141	73	-8
5	-50	-44	-9	59	105	150	189	226	198	138	72	-10
6	-50	-41	-8	60	103	151	190	225	196	136	69	-12
7	-49	-39	-8	62	103	151	191	224	196	135	63	-12
8	-47	-38	-6	62	102	152	190	223	194	134	55	-12
9	-49	-37	-2	62	104	153	191	223	192	134	50	-14
10	-52	-36	1	63	107	153	192	223	189	133	47	-17
11	-54	-36	6	65	108	155	193	223	186	132	45	-18
12	-56	-35	9	66	110	156	196	224	184	130	42	-23
13	-57	-33	11	67	114	157	198	225	182	126	41	-26
14	-56	-34	13	69	116	156	198	224	180	122	37	-27
15	-56	-33	14	72	117	157	200	223	180	118	33	-30
16	-55	-33	16	73	120	158	201	222	179	114	28	-32
17	-54	-32	18	74	122	159	202	220	177	111	25	-32
18	-54	-32	21	75	124	160	204	218	175	109	23	-31
19	-55	-31	22	76	126	163	207	217	172	105	21	-32
20	-56	-29	24	76	129	164	207	216	168	103	21	-30
21	-57	-27	24	79	130	168	209	216	166	99	22	-29
22	-57	-26	25	82	129	171	210	216	163	97	22	-30
23	-58	-25	26	85	129	173	210	214	162	96	19	-32
24	-56	-23	27	89	132	175	212	213	162	94	16	-34
25	-55	-22	29	95	133	176	214	212	161	92	12	-35
26	-54	-19	30	98	133	177	215	212	158	91	7	-36
27	-53	-17	32	101	136	177	217	212	156	89	4	-37
28	-52	-15	33	101	137	176	218	211	154	86	2	-38
29	-52	-14	36	100	136	175	219	211	152	83	1	-40
30	-52		40	99	136	175	220	211	150	79	1	-43
31	-53		44		139		221	209		74		-44

[표 70] 일평균기온 (김책: 0.1 ℃), 함북

일	1월	2월	3월	4월	5월	6월	7월	8월	9월	10월	11월	12월
1	−31	−40	−2	54	155	141	180	224	210	157	84	17
2	−33	−39	0	59	157	145	182	225	208	155	84	16
3	−36	−38	0	63	161	149	185	226	205	152	86	13
4	−35	−35	0	66	163	153	188	227	202	150	89	9
5	−34	−32	2	67	165	155	191	227	201	147	88	6
6	−34	−29	3	68	166	156	192	228	199	145	84	4
7	−32	−27	4	69	167	155	192	227	198	143	78	3
8	−31	−26	6	69	168	155	192	228	197	143	70	4
9	−34	−24	10	68	169	156	193	229	195	143	64	2
10	−37	−23	14	68	170	157	194	229	193	142	60	0
11	−40	−22	18	68	173	158	196	229	191	141	58	−2
12	−42	−21	21	69	173	159	200	229	189	138	57	−8
13	−42	−19	22	72	173	159	201	230	187	135	55	−12
14	−41	−20	23	75	171	159	202	229	186	132	51	−15
15	−40	−20	24	78	171	160	204	227	186	129	48	−19
16	−38	−20	26	80	171	161	204	227	185	126	42	−22
17	−38	−20	29	80	172	162	204	224	184	123	38	−21
18	−37	−21	31	82	175	164	207	222	183	119	36	−19
19	−38	−19	32	82	178	166	210	220	179	115	35	−18
20	−38	−17	33	82	179	166	211	220	175	111	35	−16
21	−39	−16	34	84	180	170	213	219	173	108	37	−15
22	−40	−16	34	87	180	173	215	219	171	106	37	−17
23	−41	−15	33	89	180	174	215	218	170	105	35	−20
24	−41	−14	35	92	179	176	215	217	169	102	32	−22
25	−41	−13	36	96	181	178	218	216	167	102	27	−23
26	−41	−9	36	100	183	178	219	216	164	103	23	−24
27	−39	−6	37	101	186	179	220	214	162	100	20	−25
28	−38	−5	38	102	189	178	222	214	160	98	17	−27
29	−38	−3	40	103	191	178	223	214	159	95	18	−27
30	−38		44	102	192	179	223	213	158	91	18	−29
31	−39		50		193		224	212		85		−31

[표 71] 일평균기온 (장진: 0.1 ℃), 함북

일	1월	2월	3월	4월	5월	6월	7월	8월	9월	10월	11월	12월
1	−149	−153	−89	−5	71	124	156	192	153	81	2	−79
2	−153	−150	−87	−1	74	127	159	191	150	78	2	−81
3	−156	−149	−88	5	75	131	163	190	146	75	3	−85
4	−155	−144	−87	9	76	132	165	189	143	71	5	−89
5	−155	−138	−87	12	76	134	167	187	140	68	5	−90
6	−153	−133	−88	16	78	133	168	185	136	67	2	−92
7	−148	−129	−86	19	79	133	168	184	134	66	−2	−94
8	−146	−127	−82	20	80	131	168	183	133	67	−9	−94
9	−148	−126	−76	20	83	132	168	182	130	69	−15	−96
10	−150	−123	−69	19	85	132	168	182	127	68	−19	−100
11	−157	−119	−62	20	84	134	170	183	124	67	−24	−103
12	−161	−117	−57	20	84	134	170	183	120	65	−26	−110
13	−161	−115	−53	21	86	135	170	183	118	60	−30	−116
14	−161	−115	−49	25	87	137	170	182	116	54	−36	−121
15	−161	−114	−47	31	88	139	172	181	116	49	−39	−127
16	−157	−113	−44	35	91	140	173	178	115	45	−43	−132
17	−156	−112	−39	37	95	142	174	176	114	41	−46	−130
18	−157	−111	−36	40	98	145	177	174	112	36	−48	−128
19	−156	−110	−33	42	101	147	180	172	109	33	−51	−127
20	−156	−106	−28	43	105	148	181	169	105	30	−52	−123
21	−158	−106	−25	43	108	150	182	167	101	26	−50	−120
22	−157	−106	−27	44	108	151	183	165	100	23	−52	−121
23	−159	−105	−29	44	110	152	182	163	97	23	−56	−124
24	−160	−104	−31	45	111	153	182	161	94	21	−57	−127
25	−160	−103	−32	47	110	155	183	160	92	19	−63	−130
26	−158	−98	−32	49	111	156	184	159	89	19	−70	−132
27	−156	−96	−28	54	114	157	186	158	86	16	−73	−136
28	−153	−93	−23	58	114	156	188	156	84	12	−76	−138
29	−151	−91	−17	62	116	156	190	156	84	11	−78	−140
30	−150		−13	66	118	155	191	155	83	7	−79	−144
31	−152		−9		121		192	154		4		−146

[표 72] 일평균기온 (중강: 0.1 ℃), 자강

일	1월	2월	3월	4월	5월	6월	7월	8월	9월	10월	11월	12월
1	-158	-147	-58	38	126	175	210	233	192	113	22	-83
2	-161	-146	-55	42	130	178	213	232	188	109	21	-85
3	-164	-143	-54	47	131	182	215	233	183	106	22	-88
4	-163	-140	-53	50	130	182	216	234	180	101	23	-93
5	-163	-135	-50	53	130	183	219	233	176	99	21	-95
6	-164	-129	-47	56	130	183	218	232	174	96	18	-99
7	-158	-121	-43	61	130	184	218	232	171	96	12	-101
8	-156	-117	-37	63	129	184	219	230	169	97	5	-99
9	-158	-114	-31	65	131	186	220	228	167	98	-1	-99
10	-162	-109	-25	67	132	186	220	228	163	97	-5	-100
11	-167	-106	-20	68	132	187	222	229	160	94	-8	-104
12	-173	-104	-16	68	133	189	223	227	158	90	-11	-111
13	-174	-100	-14	70	137	190	224	226	155	84	-15	-120
14	-171	-98	-11	73	138	191	223	225	153	79	-20	-125
15	-171	-97	-10	77	140	194	223	222	153	73	-24	-132
16	-168	-97	-6	81	142	194	223	219	153	69	-30	-136
17	-166	-93	-2	84	144	193	224	217	151	66	-36	-135
18	-165	-91	3	87	145	194	225	216	147	62	-38	-133
19	-166	-89	7	90	148	195	226	214	144	58	-42	-134
20	-165	-85	11	92	153	196	228	211	140	54	-44	-131
21	-164	-83	13	91	157	198	230	209	135	51	-46	-128
22	-162	-83	12	92	159	201	229	208	133	48	-47	-129
23	-161	-82	10	92	161	204	230	206	130	44	-52	-133
24	-160	-79	9	92	162	206	230	204	127	40	-55	-140
25	-160	-77	9	96	163	208	230	203	124	40	-62	-144
26	-159	-72	11	101	164	209	231	202	121	39	-69	-148
27	-156	-67	14	106	165	209	233	199	117	38	-74	-152
28	-156	-63	20	113	167	208	234	197	115	36	-79	-155
29	-153	-60	24	119	169	209	233	197	115	34	-82	-155
30	-149		29	122	170	208	234	196	114	29	-84	-159
31	-148		33		174		233	194		24		-159

[표 73] 일평균기온 (희천: 0.1 ℃), 자강

일	1월	2월	3월	4월	5월	6월	7월	8월	9월	10월	11월	12월
1	-88	-84	-18	56	133	185	220	246	215	140	54	-26
2	-92	-81	-14	59	137	189	222	246	213	137	52	-28
3	-94	-79	-12	62	140	192	224	246	208	133	52	-33
4	-93	-75	-11	63	141	194	227	246	204	128	54	-38
5	-93	-70	-10	67	141	196	230	245	201	124	55	-40
6	-94	-65	-9	73	143	196	229	244	198	122	54	-41
7	-92	-61	-6	78	144	196	230	244	196	123	50	-42
8	-92	-59	-4	82	143	196	231	242	195	123	44	-41
9	-93	-57	-1	86	145	197	231	242	193	125	39	-42
10	-95	-55	4	87	147	198	231	242	190	124	34	-45
11	-97	-52	8	86	145	200	232	244	187	123	30	-49
12	-100	-49	11	86	146	202	232	243	184	119	29	-56
13	-99	-46	14	86	149	203	232	244	181	114	26	-63
14	-97	-43	16	87	150	204	231	243	179	110	21	-65
15	-95	-40	19	91	150	205	231	243	178	106	17	-69
16	-91	-39	21	95	153	205	232	241	176	102	11	-73
17	-89	-38	25	99	155	204	233	238	173	99	6	-71
18	-88	-38	28	104	156	205	234	236	171	96	3	-67
19	-88	-38	31	107	157	207	236	233	168	92	1	-67
20	-88	-36	35	110	162	209	238	230	164	88	-1	-64
21	-91	-35	38	109	166	212	239	228	161	86	0	-61
22	-91	-34	38	109	168	216	240	228	159	83	-1	-62
23	-91	-31	37	109	170	218	240	227	158	81	-4	-65
24	-91	-28	37	109	173	220	240	226	155	79	-6	-68
25	-91	-29	35	110	174	221	240	225	152	77	-10	-72
26	-91	-26	36	113	175	221	241	223	149	75	-16	-76
27	-88	-24	38	116	176	221	242	220	145	73	-21	-80
28	-87	-21	42	120	177	220	243	218	143	70	-23	-82
29	-85	-19	45	124	178	219	244	218	144	67	-25	-85
30	-84		50	129	180	218	245	218	143	62	-25	-88
31	-84		53		183		245	216		57		-88

[표 74] 일평균기온 (혜산: 0.1 ℃), 양강

일	1월	2월	3월	4월	5월	6월	7월	8월	9월	10월	11월	12월
1	-161	-152	-76	16	103	151	189	219	173	98	5	-98
2	-167	-151	-73	21	107	154	191	217	170	93	4	-102
3	-170	-150	-72	28	110	157	193	217	166	89	5	-107
4	-169	-147	-70	32	109	158	194	217	163	85	6	-111
5	-166	-142	-69	36	109	160	198	216	160	82	6	-112
6	-166	-135	-68	41	110	160	199	214	158	82	2	-113
7	-161	-129	-65	45	110	161	201	214	156	82	-3	-113
8	-158	-127	-60	47	110	161	202	212	153	84	-11	-112
9	-159	-125	-55	49	112	162	203	210	150	85	-17	-112
10	-162	-123	-47	49	114	161	203	210	146	83	-23	-116
11	-165	-122	-40	49	114	163	205	211	142	81	-27	-120
12	-168	-120	-35	47	116	165	205	210	139	76	-30	-127
13	-170	-116	-31	50	118	166	205	211	136	70	-34	-133
14	-169	-114	-28	51	119	169	204	210	133	63	-39	-138
15	-170	-112	-25	56	120	173	204	208	133	57	-44	-141
16	-168	-110	-23	62	122	174	204	207	132	53	-50	-144
17	-168	-107	-20	67	124	174	205	204	131	49	-57	-145
18	-167	-104	-17	71	125	176	206	201	129	45	-60	-143
19	-168	-103	-13	75	129	176	208	199	125	41	-63	-144
20	-166	-98	-9	78	134	177	209	195	121	39	-65	-143
21	-165	-97	-8	78	137	179	210	192	117	36	-64	-142
22	-165	-96	-8	75	138	181	211	189	116	34	-63	-142
23	-165	-94	-9	74	139	183	212	188	114	32	-67	-145
24	-164	-91	-10	73	138	185	213	186	112	29	-69	-148
25	-164	-89	-10	75	137	187	214	185	111	28	-75	-149
26	-163	-84	-9	78	138	189	216	183	107	27	-82	-151
27	-161	-81	-5	83	140	190	218	181	104	23	-88	-153
28	-159	-79	-1	89	142	190	219	180	102	19	-90	-154
29	-156	-77	3	95	143	190	219	179	102	16	-93	-155
30	-153		8	99	146	188	219	177	100	12	-96	-159
31	-153		13		149		219	175		7		-160

[표 75] 일평균기온 (풍산: 0.1 ℃), 함남

일	1월	2월	3월	4월	5월	6월	7월	8월	9월	10월	11월	12월
1	−147	−144	−85	125	155	193	149	21	17	81	−1	−88
2	−152	−143	−84	128	157	190	145	19	21	78	−2	−90
3	−155	−141	−85	131	161	189	142	17	23	74	0	−94
4	−152	−137	−84	132	163	188	139	19	24	70	3	−98
5	−150	−131	−83	133	165	186	135	27	23	67	3	−99
6	−148	−125	−82	133	166	184	134	22	22	65	−1	−98
7	−143	−120	−79	134	167	183	132	23	15	65	−7	−99
8	−141	−117	−74	134	168	182	130	19	16	66	−15	−98
9	−144	−114	−67	135	169	180	129	20	24	67	−21	−99
10	−148	−115	−60	135	170	180	126	21	27	67	−27	−102
11	−152	−113	−54	136	173	181	122	19	28	66	−30	−108
12	−155	−111	−48	135	173	181	119	19	24	63	−34	−115
13	−156	−109	−45	136	173	182	116	21	25	59	−37	−121
14	−156	−108	−43	138	171	181	113	21	22	53	−42	−125
15	−156	−107	−41	140	171	180	112	24	18	47	−45	−129
16	−153	−107	−39	140	171	178	113	25	26	43	−52	−133
17	−152	−106	−36	142	172	175	111	22	25	39	−56	−131
18	−149	−105	−33	143	175	173	108	17	23	34	−59	−128
19	−150	−104	−30	144	178	170	105	18	25	32	−62	−127
20	−150	−101	−27	145	179	167	100	21	25	29	−63	−125
21	−152	−100	−27	148	180	164	96	22	25	25	−62	−124
22	−153	−100	−28	150	180	162	95	22	23	24	−62	−124
23	−155	−98	−29	151	180	160	94	20	19	24	−64	−127
24	−154	−97	−29	154	179	158	94	19	18	20	−67	−130
25	−152	−96	−29	156	181	156	93	19	22	19	−72	−131
26	−150	−91	−27	156	183	155	90	17	32	18	−77	−130
27	−146	−89	−23	157	186	154	86	18	25	14	−80	−133
28	−144	−89	−20	157	189	154	85	23	29	11	−83	−136
29	−142	−87	−16	156	191	153	83	23	21	9	−84	−137
30	−142		−11	154	192	152	82	24	26	4	−85	−142
31	−143		−6	122	193	151		21		0		−145

[표 76] 일평균기온 (함흥: 0.1 ℃), 함남

일	1월	2월	3월	4월	5월	6월	7월	8월	9월	10월	11월	12월
1	-34	-39	9	71	135	175	203	242	215	158	85	15
2	-37	-38	11	77	138	178	204	241	212	156	84	14
3	-40	-37	12	82	139	182	208	241	209	153	85	12
4	-40	-33	13	82	142	185	212	242	206	150	86	8
5	-40	-28	13	85	141	188	215	242	205	147	86	7
6	-40	-25	13	87	142	187	216	241	204	145	82	5
7	-37	-22	14	89	140	185	217	240	203	144	78	4
8	-36	-20	16	89	141	185	217	240	202	144	72	3
9	-37	-19	20	89	143	184	217	239	200	144	68	1
10	-39	-18	24	89	146	184	218	239	197	144	65	-3
11	-41	-16	28	90	146	186	219	239	195	144	62	-6
12	-43	-14	31	92	147	188	221	239	191	142	59	-10
13	-44	-12	33	93	149	187	221	240	188	139	58	-13
14	-44	-12	34	98	151	187	221	239	187	135	53	-14
15	-43	-13	36	102	153	188	223	238	186	131	49	-17
16	-42	-13	38	107	157	187	225	236	185	126	44	-19
17	-42	-13	41	109	162	187	226	233	184	123	39	-18
18	-41	-13	43	110	164	190	228	231	183	119	36	-16
19	-42	-11	44	110	165	193	232	229	180	116	34	-15
20	-43	-8	45	111	168	195	233	227	176	114	34	-13
21	-44	-8	45	113	170	198	235	227	174	111	36	-12
22	-44	-7	44	116	166	201	236	227	172	109	36	-13
23	-44	-6	45	119	166	204	235	226	171	108	34	-15
24	-44	-4	47	122	168	205	234	224	169	104	31	-18
25	-44	-3	50	123	167	206	235	221	168	102	28	-20
26	-43	1	51	125	168	208	235	219	165	102	23	-21
27	-41	3	53	128	172	207	236	217	163	100	21	-24
28	-39	6	54	130	172	206	239	217	160	97	18	-26
29	-38	8	58	131	172	204	240	219	160	95	17	-28
30	-38		63	133	173	203	241	219	160	91	16	-31
31	-39		67		173		241	217		86		-33

[표 77] 일평균기온 (강계: 0.1 ℃), 평북

일	1월	2월	3월	4월	5월	6월	7월	8월	9월	10월	11월	12월
1	−121	−116	−35	49	134	183	221	241	203	127	36	−57
2	−126	−113	−31	54	138	186	222	240	200	123	35	−59
3	−129	−110	−30	59	141	189	224	241	196	119	37	−62
4	−129	−106	−28	62	142	191	225	241	192	115	39	−67
5	−130	−101	−27	66	142	192	228	240	189	112	39	−68
6	−131	−95	−25	71	142	193	228	238	186	110	37	−69
7	−127	−91	−23	76	143	193	227	237	184	111	32	−69
8	−126	−90	−20	78	142	193	228	236	183	112	25	−69
9	−128	−88	−15	81	143	193	228	236	181	113	19	−69
10	−129	−85	−9	81	145	193	228	236	178	111	14	−74
11	−132	−82	−3	81	144	195	229	237	175	109	11	−78
12	−134	−77	0	81	144	197	230	236	172	105	10	−86
13	−134	−73	3	83	147	199	230	236	170	100	7	−92
14	−132	−71	5	85	148	201	229	235	167	95	1	−96
15	−132	−68	7	90	149	204	229	233	166	89	−4	−100
16	−129	−67	10	95	151	204	229	231	165	85	−11	−105
17	−127	−65	13	99	153	203	229	230	162	82	−18	−103
18	−127	−64	17	103	155	204	232	228	159	79	−21	−101
19	−128	−62	20	106	158	205	234	225	155	75	−23	−100
20	−126	−59	23	108	162	206	235	221	151	72	−24	−98
21	−127	−56	24	107	166	208	237	219	148	69	−22	−96
22	−127	−55	24	106	167	211	238	217	146	67	−21	−97
23	−127	−53	23	105	168	213	237	215	144	64	−25	−101
24	−127	−51	22	105	169	215	238	214	142	61	−29	−105
25	−128	−50	23	106	169	217	238	213	140	60	−36	−108
26	−126	−46	24	110	170	219	239	211	136	59	−43	−110
27	−124	−42	28	115	173	219	241	209	133	56	−50	−113
28	−123	−39	32	120	175	220	242	207	131	52	−52	−114
29	−119	−37	37	125	177	220	242	206	131	48	−54	−115
30	−116		41	130	179	220	242	206	129	43	−55	−119
31	−117		45		181		242	205		38		−120

[표 78] 일평균기온 (수풍: 0.1 ℃), 평북

일	1월	2월	3월	4월	5월	6월	7월	8월	9월	10월	11월	12월
1	-79	-80	-18	59	135	187	222	248	219	145	62	-17
2	-83	-77	-15	63	138	189	224	247	215	141	62	-21
3	-84	-74	-13	67	142	191	228	247	210	137	63	-25
4	-84	-72	-10	71	143	194	230	246	206	134	65	-30
5	-84	-68	-9	75	145	196	233	245	203	130	64	-32
6	-84	-62	-7	79	147	196	233	243	200	129	62	-34
7	-81	-58	-5	82	147	197	233	243	198	131	56	-33
8	-81	-57	-2	84	145	198	234	243	197	132	48	-32
9	-82	-54	1	87	145	199	234	243	195	133	43	-33
10	-85	-51	5	88	145	199	233	243	193	131	40	-36
11	-90	-47	8	88	145	201	235	244	191	129	36	-40
12	-93	-45	12	90	148	203	235	244	190	125	35	-49
13	-91	-42	15	91	152	204	235	243	188	120	32	-55
14	-89	-40	17	94	155	205	234	242	185	116	26	-58
15	-87	-39	20	97	156	206	234	241	183	112	21	-62
16	-82	-39	22	102	158	206	234	239	181	108	14	-66
17	-80	-38	25	105	158	206	234	238	178	106	10	-63
18	-79	-38	28	110	159	207	235	236	175	102	8	-60
19	-79	-37	30	113	161	209	237	234	172	99	6	-59
20	-79	-35	34	113	166	211	239	231	168	96	7	-57
21	-82	-34	37	113	169	213	241	229	166	94	8	-56
22	-83	-33	37	112	172	216	242	227	164	90	7	-57
23	-84	-32	36	112	175	218	243	226	163	88	3	-61
24	-86	-31	37	113	177	219	243	226	160	85	0	-64
25	-86	-31	37	115	178	222	244	225	158	85	-7	-67
26	-84	-28	38	119	179	222	244	224	155	83	-12	-70
27	-83	-25	41	122	181	222	245	221	151	80	-15	-73
28	-83	-21	45	125	182	221	247	221	150	76	-16	-74
29	-81	-19	48	128	183	221	247	222	149	74	-17	-76
30	-79		53	132	184	221	247	221	148	68	-16	-78
31	-79		56		186		248	220		64		-78

[표 79] 일평균기온 (신의주: 0.1 ℃), 평북

일	1월	2월	3월	4월	5월	6월	7월	8월	9월	10월	11월	12월
1	-64	-63	-4	65	131	182	221	249	228	159	73	-12
2	-67	-60	-1	68	134	185	224	249	224	155	72	-15
3	-69	-58	1	71	138	188	226	250	220	151	73	-19
4	-70	-55	2	74	139	190	229	250	216	147	75	-21
5	-70	-50	4	78	140	192	232	249	213	144	74	-24
6	-69	-46	5	80	142	194	233	248	210	143	71	-26
7	-66	-43	6	84	144	195	234	248	208	144	65	-26
8	-66	-43	9	87	143	196	234	248	207	145	58	-25
9	-67	-40	11	90	144	198	233	249	205	145	53	-27
10	-70	-38	14	91	145	199	233	249	204	143	50	-30
11	-73	-35	18	92	146	200	234	250	203	141	47	-32
12	-77	-32	21	93	148	203	234	250	201	138	46	-38
13	-77	-30	24	94	152	205	235	250	199	133	42	-43
14	-74	-29	26	94	154	205	234	249	197	129	36	-45
15	-73	-28	28	96	155	205	235	248	196	124	29	-48
16	-68	-27	30	98	156	205	234	246	193	120	23	-50
17	-66	-26	32	102	157	205	234	245	191	117	18	-48
18	-65	-25	35	106	157	205	234	243	188	114	16	-46
19	-66	-23	38	109	159	207	236	241	185	111	15	-46
20	-65	-20	41	112	163	210	237	238	182	107	16	-44
21	-68	-18	43	113	167	213	238	237	180	105	18	-43
22	-68	-17	43	113	170	215	240	235	178	102	17	-45
23	-69	-16	43	112	173	218	241	234	176	99	13	-48
24	-69	-15	44	113	176	219	242	233	173	97	9	-50
25	-70	-14	44	114	177	220	243	233	171	96	2	-52
26	-68	-12	45	116	178	221	244	232	168	95	-5	-53
27	-67	-9	48	118	179	221	245	229	164	92	-7	-56
28	-67	-7	52	121	179	220	246	229	163	89	-9	-57
29	-65	-5	55	125	179	221	247	229	163	85	-11	-58
30	-64		59	129	180	220	248	229	162	79	-11	-61
31	-64		62		181		249	228		74		-61

[표 80] 일평균기온 (구성: 0.1 ℃), 평북

일	1월	2월	3월	4월	5월	6월	7월	8월	9월	10월	11월	12월
1	−71	−71	−10	62	135	190	223	248	225	153	65	−16
2	−74	−68	−8	65	139	192	224	248	221	150	64	−19
3	−75	−66	−5	68	142	194	227	248	217	145	64	−24
4	−75	−63	−5	70	143	196	230	248	213	140	66	−28
5	−76	−58	−3	75	144	198	233	248	211	137	66	−30
6	−75	−53	−2	79	146	199	233	247	209	136	64	−31
7	−74	−49	−1	83	148	199	234	247	206	137	58	−31
8	−75	−48	0	87	147	200	234	246	205	137	51	−30
9	−76	−45	3	90	148	202	234	246	204	138	46	−32
10	−79	−43	6	91	149	202	233	247	201	137	41	−34
11	−82	−40	10	92	149	204	235	248	199	135	39	−37
12	−84	−38	15	92	151	205	235	249	197	132	39	−44
13	−83	−35	19	93	154	206	236	249	194	127	35	−50
14	−81	−33	22	94	156	206	235	249	192	122	29	−52
15	−79	−31	24	98	157	207	235	247	191	117	25	−55
16	−74	−30	27	100	159	208	235	245	188	113	19	−58
17	−70	−30	29	105	160	207	235	243	186	110	13	−55
18	−68	−30	32	109	160	209	235	241	183	107	11	−53
19	−69	−29	36	112	162	211	237	239	180	104	10	−52
20	−68	−28	40	114	166	213	238	236	177	101	8	−50
21	−70	−27	43	115	170	216	239	235	175	97	8	−49
22	−71	−25	43	114	173	219	241	233	173	94	7	−51
23	−73	−22	43	114	176	221	242	233	171	91	3	−54
24	−73	−20	42	114	179	222	243	232	168	89	0	−57
25	−74	−19	41	115	179	224	243	232	165	87	−4	−60
26	−74	−17	42	118	180	224	243	229	161	85	−9	−60
27	−73	−14	44	120	182	225	245	228	158	83	−11	−63
28	−74	−13	48	124	184	223	246	227	156	80	−12	−64
29	−72	−11	52	128	184	222	246	227	157	78	−12	−65
30	−71		57	132	187	221	248	226	155	73	−13	−68
31	−72		59		188		249	226		68		−69

[표 81] 일평균기온 (안주: 0.1 ℃), 평남

일	1월	2월	3월	4월	5월	6월	7월	8월	9월	10월	11월	12월
1	-67	-67	-7	62	135	184	224	250	225	155	69	-8
2	-71	-66	-4	65	137	187	225	250	222	151	69	-11
3	-75	-64	-2	68	140	190	228	250	219	148	70	-14
4	-76	-61	0	72	141	192	229	250	215	144	73	-18
5	-78	-57	2	76	143	195	232	250	212	141	74	-19
6	-77	-52	3	82	145	197	233	249	210	141	71	-20
7	-74	-47	5	86	148	198	233	249	207	141	66	-21
8	-72	-46	8	89	147	199	234	249	206	142	60	-20
9	-73	-44	10	91	147	201	234	249	203	142	54	-21
10	-74	-40	14	91	148	202	234	249	200	141	51	-25
11	-77	-37	18	91	148	203	235	250	197	138	49	-29
12	-80	-34	21	90	148	205	235	249	195	134	48	-35
13	-80	-31	24	91	151	207	236	250	193	129	44	-41
14	-77	-31	27	93	154	207	235	249	192	125	39	-43
15	-77	-30	28	97	154	208	236	248	192	120	33	-47
16	-73	-29	30	100	157	209	236	247	191	117	26	-51
17	-71	-27	33	105	159	208	237	246	189	114	21	-50
18	-69	-26	36	109	159	209	237	244	186	112	18	-48
19	-69	-24	39	113	161	211	239	242	183	108	15	-46
20	-68	-21	42	115	164	213	240	239	180	105	16	-42
21	-70	-20	45	116	168	215	241	237	177	102	17	-39
22	-71	-20	44	116	171	217	243	235	175	99	16	-39
23	-71	-18	43	116	174	219	243	233	174	97	15	-40
24	-73	-16	43	116	176	221	244	232	171	94	14	-46
25	-74	-16	42	117	178	223	245	231	169	91	8	-51
26	-73	-14	43	119	178	223	246	230	166	89	4	-54
27	-71	-12	45	122	180	224	247	229	163	86	1	-59
28	-70	-10	49	125	181	222	248	229	161	82	-1	-62
29	-68	-8	53	129	181	223	249	228	160	80	-5	-63
30	-66		57	132	182	223	250	228	158	76	-6	-65
31	-66		60		183		250	227		71		-65

[표 82] 일평균기온 (양덕: 0.1 ℃), 평남

일	1월	2월	3월	4월	5월	6월	7월	8월	9월	10월	11월	12월
1	-78	-82	-19	48	125	176	207	242	208	137	57	-21
2	-85	-80	-17	51	129	178	208	241	205	134	56	-23
3	-90	-78	-16	56	133	181	211	240	201	130	57	-27
4	-91	-77	-15	58	133	185	215	239	199	126	58	-30
5	-92	-71	-14	63	134	187	218	239	196	124	60	-30
6	-90	-66	-13	69	136	187	219	239	194	122	58	-30
7	-86	-64	-10	76	137	187	220	238	192	123	56	-30
8	-84	-62	-7	78	136	187	219	237	189	124	50	-29
9	-84	-60	-3	80	139	188	219	236	186	123	45	-28
10	-88	-57	2	80	140	188	219	236	182	122	42	-32
11	-94	-53	7	79	139	190	221	237	179	121	39	-35
12	-98	-48	10	78	137	192	222	237	177	118	35	-43
13	-96	-44	13	79	139	193	222	237	175	113	31	-49
14	-93	-43	16	81	140	194	221	236	174	108	26	-52
15	-89	-42	18	85	140	195	222	235	173	104	21	-56
16	-82	-42	19	91	144	195	223	233	173	100	14	-63
17	-79	-42	21	96	147	195	223	230	171	97	9	-60
18	-79	-41	23	99	149	197	224	228	169	94	7	-58
19	-80	-40	27	104	151	198	228	225	166	92	4	-57
20	-82	-36	32	106	155	199	230	223	163	89	3	-53
21	-85	-35	34	106	158	201	232	221	159	86	6	-49
22	-87	-33	35	106	159	203	234	219	157	83	6	-49
23	-89	-31	33	107	161	205	234	217	154	82	4	-51
24	-91	-29	31	106	163	207	234	216	151	79	2	-56
25	-91	-29	30	106	163	209	233	213	148	77	-4	-61
26	-89	-26	31	108	164	210	233	212	146	75	-9	-65
27	-85	-25	34	110	166	211	234	211	142	71	-13	-71
28	-82	-23	37	113	169	210	236	211	141	68	-16	-74
29	-80	-21	41	118	170	209	239	210	141	65	-18	-75
30	-78		45	122	172	208	241	210	140	61	-18	-76
31	-80		47		174		242	209		58		-77

[표 83] 일평균기온 (평양: 0.1 ℃), 평양

일	1월	2월	3월	4월	5월	6월	7월	8월	9월	10월	11월	12월
1	-51	-55	1	72	146	195	229	256	228	162	79	-2
2	-56	-54	4	76	149	197	230	255	225	158	78	-5
3	-60	-53	6	80	151	200	232	255	222	155	78	-8
4	-62	-50	8	83	153	202	234	255	219	151	81	-10
5	-65	-46	10	88	153	205	237	254	217	149	81	-10
6	-65	-41	11	93	155	206	238	253	215	147	79	-10
7	-63	-38	12	97	157	207	238	254	213	147	76	-10
8	-62	-37	14	100	156	207	238	253	211	148	71	-9
9	-63	-35	17	102	157	208	238	253	209	148	66	-11
10	-63	-33	21	103	158	209	237	253	206	146	62	-15
11	-65	-29	25	102	157	211	238	254	204	145	60	-18
12	-68	-26	29	102	157	213	239	254	202	142	57	-23
13	-67	-23	32	103	160	214	239	253	200	137	53	-28
14	-64	-22	34	105	162	215	240	252	198	133	48	-29
15	-63	-20	35	108	164	216	240	251	198	128	43	-33
16	-59	-19	37	113	166	216	241	251	196	125	36	-37
17	-57	-18	39	117	169	216	241	249	194	122	31	-36
18	-56	-17	41	121	170	215	242	248	192	119	29	-35
19	-56	-16	44	125	172	216	245	246	189	116	27	-35
20	-56	-13	48	126	175	218	246	244	187	113	27	-32
21	-58	-12	51	126	178	220	247	241	184	110	29	-30
22	-59	-11	51	125	180	222	249	239	183	107	28	-30
23	-60	-9	51	125	182	224	249	236	180	104	25	-32
24	-61	-8	50	124	183	226	250	235	177	101	23	-36
25	-61	-7	50	125	185	227	250	234	174	99	17	-39
26	-61	-5	51	128	186	228	251	233	172	97	12	-42
27	-59	-3	53	131	189	229	252	231	169	94	8	-46
28	-57	-1	58	135	190	229	254	231	167	91	5	-48
29	-55	0	62	139	192	229	254	231	167	89	2	-48
30	-53		67	143	193	229	255	230	165	85	0	-50
31	-54		69		194		256	229		81		-50

[표 84] 일평균기온 (남포: 0.1 ℃), 남포

일	1월	2월	3월	4월	5월	6월	7월	8월	9월	10월	11월	12월
1	-39	-49	3	69	140	189	225	254	229	170	91	9
2	-43	-48	6	73	141	191	226	254	227	167	90	6
3	-46	-46	8	77	144	193	228	254	223	163	90	3
4	-47	-44	9	79	146	195	229	253	220	160	92	1
5	-50	-40	10	84	148	199	232	253	219	158	92	1
6	-51	-36	11	88	150	200	233	253	217	156	89	1
7	-49	-33	12	92	152	201	233	253	215	156	85	1
8	-50	-32	14	93	152	201	233	253	215	156	79	1
9	-51	-29	17	95	152	203	233	252	213	157	74	-1
10	-52	-27	21	95	153	203	233	252	211	155	71	-4
11	-54	-24	24	95	152	205	234	252	208	154	69	-7
12	-57	-21	27	95	153	207	235	252	207	150	66	-12
13	-56	-18	30	97	155	209	236	251	205	147	63	-16
14	-54	-18	32	100	157	210	236	250	203	143	57	-17
15	-53	-17	33	103	158	211	237	249	202	139	52	-21
16	-50	-17	35	108	161	211	237	248	201	136	45	-24
17	-48	-16	37	112	163	211	237	247	199	133	41	-23
18	-46	-16	39	115	164	210	239	245	198	130	39	-23
19	-47	-14	42	118	166	212	241	244	195	127	37	-23
20	-47	-12	45	119	169	213	243	242	193	124	38	-20
21	-49	-11	47	119	172	214	244	240	190	121	39	-19
22	-50	-10	47	119	173	216	245	238	189	118	38	-20
23	-52	-8	47	119	175	218	245	236	186	116	35	-22
24	-52	-7	47	119	177	219	246	236	184	113	33	-26
25	-53	-6	48	121	178	221	247	234	181	111	26	-29
26	-53	-4	48	123	180	222	247	233	179	109	21	-31
27	-51	-2	51	126	182	223	249	231	177	106	18	-35
28	-49	0	55	129	184	224	250	232	175	103	15	-36
29	-48	2	59	133	186	225	252	232	175	101	13	-36
30	-47		63	136	188	225	253	231	173	97	11	-38
31	-48		66		188		254	230		93		-38

[표 85] 일평균기온 (원산: 0.1 ℃), 강원

일	1월	2월	3월	4월	5월	6월	7월	8월	9월	10월	11월	12월
1	−15	−24	20	80	140	179	205	245	219	167	102	31
2	−19	−23	22	86	143	183	206	244	216	166	102	30
3	−21	−21	23	91	145	185	211	245	212	165	104	28
4	−22	−17	25	92	147	188	214	247	210	163	105	26
5	−23	−12	24	95	145	190	217	248	209	160	104	25
6	−23	−8	24	96	147	190	219	247	208	158	100	25
7	−20	−5	25	97	146	188	219	246	207	156	95	23
8	−19	−5	28	97	147	187	219	244	207	156	88	22
9	−20	−4	31	97	149	187	220	243	206	155	84	19
10	−21	−2	35	96	152	187	221	243	203	155	81	16
11	−24	0	39	98	150	189	222	243	201	154	79	12
12	−27	1	41	100	150	190	224	243	198	152	77	8
13	−28	4	42	102	152	189	225	243	195	150	76	5
14	−27	1	43	107	154	189	225	242	193	146	71	4
15	−26	0	45	111	156	190	227	241	192	143	66	1
16	−23	−1	48	114	159	188	228	239	191	139	60	−1
17	−23	−3	51	115	165	189	229	236	190	136	56	−1
18	−22	−3	53	115	169	192	232	233	189	131	54	1
19	−23	−1	53	114	170	195	236	231	186	128	53	1
20	−24	3	53	116	172	197	238	230	183	126	53	4
21	−26	3	51	119	173	200	240	230	180	123	56	5
22	−26	4	50	122	168	203	241	231	178	122	56	4
23	−26	4	51	126	168	205	240	230	177	122	54	1
24	−25	6	53	129	171	207	238	228	175	118	50	−2
25	−24	6	56	131	171	208	238	225	174	116	46	−3
26	−23	11	58	133	173	209	237	223	173	116	41	−4
27	−21	13	61	135	178	209	238	220	170	115	37	−6
28	−20	16	63	136	178	208	241	220	169	111	34	−7
29	−20	18	66	137	177	207	243	222	169	109	33	−8
30	−21		72	139	178	205	244	222	168	106	32	−11
31	−23		76		179		244	220		102		−13

[표 86] 일평균기온 (장전: 0.1 ℃), 강원

일	1월	2월	3월	4월	5월	6월	7월	8월	9월	10월	11월	12월
1	2	−14	24	83	141	182	207	249	221	174	115	50
2	−1	−13	26	88	144	184	208	248	219	172	115	49
3	−3	−11	27	94	146	187	212	248	215	171	116	46
4	−4	−8	29	95	149	190	215	249	213	171	118	43
5	−5	−4	29	98	150	192	218	249	212	168	117	41
6	−7	1	31	101	151	192	219	248	212	165	114	40
7	−4	3	33	101	150	190	220	248	212	164	110	39
8	−4	3	36	99	151	190	220	247	211	163	103	39
9	−5	5	39	98	152	189	221	245	210	162	98	37
10	−7	6	43	97	153	189	222	245	208	162	94	33
11	−10	7	46	97	152	191	223	245	205	161	92	29
12	−14	9	47	100	153	192	225	246	202	160	90	23
13	−14	11	47	104	155	191	225	245	199	158	88	19
14	−13	9	48	109	156	191	226	244	198	156	84	17
15	−13	7	51	114	158	192	227	242	197	154	79	15
16	−9	8	53	118	162	191	229	240	197	151	73	12
17	−9	6	57	118	167	192	231	236	196	148	69	14
18	−9	6	59	119	170	194	234	234	196	144	67	17
19	−9	8	59	120	172	196	238	233	193	141	66	18
20	−10	11	58	121	175	197	240	233	190	138	67	20
21	−13	10	57	124	174	200	242	233	187	134	70	21
22	−14	10	56	127	170	203	244	233	185	133	70	20
23	−14	10	57	129	169	206	243	231	183	132	68	16
24	−15	12	59	132	171	207	242	230	182	128	66	13
25	−13	11	63	134	171	209	240	227	181	126	62	11
26	−11	16	65	136	173	211	240	225	179	126	56	9
27	−9	19	67	137	177	211	241	223	177	126	53	7
28	−9	21	68	139	179	210	243	224	176	123	51	5
29	−9	23	71	139	178	209	245	224	175	122	51	3
30	−11		76	140	180	208	247	225	175	119	51	1
31	−12		79		180		248	223		116		2

[표 87] 일평균기온 (평강: 0.1 ℃), 강원

일	1월	2월	3월	4월	5월	6월	7월	8월	9월	10월	11월	12월
1	-70	-72	-14	53	128	176	208	240	209	142	70	-8
2	-74	-71	-13	57	131	177	209	240	207	138	68	-10
3	-78	-70	-13	61	135	180	212	239	203	135	68	-15
4	-77	-68	-12	65	137	182	214	238	201	133	69	-19
5	-78	-64	-11	69	137	184	216	237	199	131	69	-20
6	-79	-59	-8	74	139	185	217	236	197	130	67	-20
7	-75	-57	-5	78	140	187	218	237	196	131	64	-21
8	-74	-55	-1	80	139	187	217	236	194	131	58	-19
9	-76	-52	4	81	140	188	217	235	191	131	51	-20
10	-77	-48	8	81	142	189	217	236	188	130	48	-24
11	-83	-45	13	80	141	191	218	237	184	128	45	-28
12	-87	-40	16	81	140	192	218	236	180	125	42	-34
13	-85	-37	19	83	142	194	219	236	179	121	39	-42
14	-84	-36	20	86	142	196	219	235	178	117	35	-45
15	-82	-35	22	89	142	198	219	234	177	114	30	-49
16	-75	-34	23	95	144	199	220	232	176	110	24	-53
17	-73	-33	24	98	147	199	221	230	175	107	20	-53
18	-74	-34	29	101	149	199	223	228	173	103	17	-50
19	-74	-32	33	105	151	199	225	226	170	100	14	-48
20	-74	-30	36	108	154	198	228	224	167	96	12	-44
21	-77	-29	39	107	157	199	229	221	164	93	13	-41
22	-77	-27	40	107	158	199	230	219	163	90	11	-39
23	-78	-25	37	108	159	200	230	217	161	88	8	-42
24	-80	-24	34	107	160	201	229	216	158	86	6	-47
25	-81	-23	33	106	161	203	229	215	156	84	3	-53
26	-79	-20	33	109	163	204	229	213	153	83	-1	-57
27	-77	-18	35	112	166	207	230	212	149	80	-3	-64
28	-75	-17	39	116	169	208	233	212	147	79	-3	-68
29	-71	-15	43	120	171	208	236	212	146	77	-5	-68
30	-69		47	125	173	207	239	211	144	75	-5	-71
31	-70		50		175		240	211		72		-71

[표 88] 일평균기온 (사리원: 0.1 ℃), 황해

일	1월	2월	3월	4월	5월	6월	7월	8월	9월	10월	11월	12월
1	-44	-52	4	72	145	195	229	257	228	165	85	4
2	-48	-51	7	76	147	197	231	256	225	161	84	2
3	-51	-50	9	80	150	199	232	256	222	158	84	-1
4	-53	-47	10	83	152	201	233	255	219	155	87	-3
5	-55	-42	11	88	153	204	236	255	218	152	87	-2
6	-55	-37	12	93	155	206	236	254	216	151	85	-2
7	-53	-35	14	97	157	206	237	254	213	152	82	-2
8	-53	-34	16	99	157	207	237	254	211	152	76	-2
9	-54	-32	19	100	157	208	237	254	210	152	70	-5
10	-55	-30	23	100	158	208	236	254	206	151	67	-8
11	-58	-27	27	100	157	210	238	254	204	148	64	-12
12	-60	-23	30	100	157	213	239	254	202	145	61	-17
13	-60	-20	33	102	159	215	239	253	201	141	58	-21
14	-57	-20	35	104	160	216	239	252	199	136	52	-21
15	-56	-19	36	108	162	217	240	251	199	132	47	-24
16	-52	-18	37	112	164	217	240	250	198	129	41	-27
17	-51	-17	39	116	166	216	240	249	196	126	36	-26
18	-50	-16	42	119	168	216	242	247	195	123	34	-26
19	-50	-15	45	123	171	217	244	245	192	120	33	-27
20	-51	-12	49	124	174	218	246	243	190	117	33	-25
21	-53	-11	52	124	177	220	247	240	187	115	35	-24
22	-54	-9	52	123	179	221	248	239	185	113	35	-24
23	-56	-8	50	124	181	223	248	236	182	110	32	-26
24	-57	-6	50	124	182	224	249	235	179	107	28	-30
25	-57	-5	50	125	184	226	249	234	177	105	22	-33
26	-56	-3	50	127	185	227	250	233	175	103	16	-34
27	-53	-1	53	131	188	228	252	231	172	100	13	-38
28	-52	1	57	134	190	229	253	232	171	97	10	-39
29	-51	3	61	138	192	229	254	232	170	95	8	-40
30	-50		66	142	194	229	256	231	168	91	6	-41
31	-51		69		194		257	229		87		-42

[표 89] 일평균기온 (신계: 0.1 ℃), 황해

일	1월	2월	3월	4월	5월	6월	7월	8월	9월	10월	11월	12월
1	−59	−57	0	69	140	191	224	252	224	159	81	2
2	−61	−57	3	72	143	194	225	251	221	156	79	−2
3	−63	−57	5	77	147	197	227	251	218	153	79	−6
4	−63	−55	6	80	148	199	229	251	215	150	81	−8
5	−65	−51	8	85	148	202	231	250	213	148	81	−9
6	−66	−45	9	90	150	203	232	250	211	146	78	−9
7	−64	−41	9	96	151	204	233	251	210	145	76	−9
8	−63	−38	11	98	150	204	234	250	208	145	71	−8
9	−64	−35	14	101	151	205	234	250	206	145	66	−8
10	−64	−32	17	102	153	206	233	251	203	144	61	−12
11	−66	−30	23	101	152	208	233	251	200	143	57	−15
12	−69	−27	27	100	152	210	233	252	198	140	52	−22
13	−67	−24	31	100	154	212	233	252	196	136	48	−28
14	−65	−23	34	101	155	214	233	251	194	131	42	−32
15	−64	−22	34	103	156	215	233	251	193	127	38	−36
16	−59	−21	35	108	158	214	234	249	193	124	33	−39
17	−56	−21	38	111	160	213	234	246	191	122	29	−37
18	−55	−21	42	115	161	214	236	243	189	118	26	−36
19	−55	−20	46	120	163	214	238	241	187	116	25	−35
20	−55	−17	52	121	166	215	241	239	184	112	23	−32
21	−56	−15	55	120	169	216	242	237	181	109	24	−30
22	−57	−12	55	120	173	218	244	235	180	106	23	−31
23	−60	−11	52	120	175	220	243	233	178	104	21	−33
24	−61	−9	51	119	177	221	244	233	175	102	18	−37
25	−62	−8	50	121	178	223	242	231	172	100	14	−41
26	−62	−6	49	123	180	224	243	229	170	98	10	−44
27	−62	−6	52	125	183	225	244	228	166	95	8	−48
28	−59	−3	56	129	185	225	246	227	164	92	7	−52
29	−57	−1	60	133	187	224	248	227	164	90	5	−55
30	−55		63	137	189	224	251	226	162	86	4	−57
31	−57		66		190		252	225		82		−59

[표 90] 일평균기온 (용연: 0.1 ℃), 황해

일	1월	2월	3월	4월	5월	6월	7월	8월	9월	10월	11월	12월
1	-29	-39	9	66	131	178	219	251	225	164	92	19
2	-33	-38	11	69	133	181	220	251	223	161	91	17
3	-35	-38	13	73	136	183	221	251	219	158	92	15
4	-36	-36	14	76	138	185	222	250	217	155	94	13
5	-38	-32	15	80	139	188	225	249	214	152	94	12
6	-39	-28	16	84	141	190	226	249	212	150	92	12
7	-36	-26	17	88	142	190	227	249	210	150	89	11
8	-36	-24	19	90	141	191	228	250	209	151	85	12
9	-38	-22	21	91	141	192	228	249	207	150	80	10
10	-39	-20	24	92	142	193	227	250	204	149	77	7
11	-41	-18	27	92	142	195	228	249	202	147	75	3
12	-45	-15	31	92	144	197	229	249	201	145	72	-3
13	-45	-12	33	94	147	199	230	248	199	141	68	-7
14	-43	-12	34	94	148	201	230	247	197	137	62	-8
15	-43	-12	35	97	149	202	231	246	196	134	57	-10
16	-41	-11	37	100	151	203	231	245	195	132	50	-13
17	-39	-11	38	103	152	204	231	244	193	130	46	-13
18	-37	-11	40	107	153	204	233	243	191	127	44	-12
19	-38	-9	42	110	156	206	234	241	188	125	43	-13
20	-37	-5	46	112	159	206	236	239	186	122	43	-11
21	-39	-4	47	112	161	208	237	237	183	119	45	-9
22	-40	-3	48	112	164	209	239	234	181	116	44	-9
23	-42	-1	47	111	166	210	240	232	179	115	42	-12
24	-43	0	46	111	167	212	242	231	176	112	39	-15
25	-44	0	47	112	168	214	243	231	175	110	34	-18
26	-42	2	47	114	170	215	245	230	173	108	29	-19
27	-41	5	50	117	172	216	247	229	170	106	27	-23
28	-40	6	53	121	173	217	249	230	169	102	23	-23
29	-38	8	57	124	175	219	250	229	169	101	22	-24
30	-37		61	128	176	219	251	228	167	97	20	-27
31	-39		64		177		251	227		94		-28

[표 91] 일평균기온 (해주: 0.1 ℃), 황해

일	1월	2월	3월	4월	5월	6월	7월	8월	9월	10월	11월	12월
1	−26	−34	14	74	138	189	222	255	233	175	99	22
2	−31	−33	17	78	141	190	223	255	230	172	97	20
3	−33	−32	19	82	144	193	225	255	228	168	97	16
4	−33	−29	19	85	146	195	226	255	225	166	100	15
5	−35	−25	20	90	148	197	229	254	224	164	100	14
6	−34	−23	21	95	149	198	230	254	223	163	99	14
7	−32	−20	23	100	150	199	230	256	221	163	96	13
8	−31	−19	24	102	149	199	230	256	220	163	90	14
9	−32	−18	27	105	148	201	231	257	218	163	85	12
10	−34	−16	30	106	149	203	230	258	215	162	82	9
11	−36	−12	34	106	151	205	231	258	213	160	79	6
12	−38	−9	38	105	152	208	232	258	212	157	76	0
13	−38	−7	41	105	155	210	232	258	211	153	73	−4
14	−37	−7	43	104	157	211	232	257	210	149	67	−5
15	−36	−5	43	105	159	212	232	256	209	146	61	−9
16	−34	−4	44	107	159	212	233	255	208	143	54	−12
17	−32	−4	46	110	159	211	233	253	206	140	50	−11
18	−31	−3	49	114	159	211	235	251	204	137	48	−10
19	−32	−2	53	119	162	212	236	250	201	135	47	−10
20	−33	0	58	121	165	214	239	248	199	132	48	−7
21	−35	1	60	122	169	216	240	245	197	129	50	−7
22	−36	2	61	122	172	217	242	243	195	126	49	−8
23	−38	4	59	123	175	219	243	241	192	124	46	−10
24	−38	6	59	122	176	220	244	240	190	120	44	−14
25	−38	6	59	122	177	220	245	239	187	118	39	−16
26	−37	8	59	123	179	221	246	238	185	116	34	−17
27	−36	10	61	126	181	222	248	236	182	113	30	−20
28	−35	12	64	128	183	222	250	237	181	111	28	−22
29	−33	13	67	131	185	222	252	236	181	109	26	−23
30	−32		69	135	186	222	254	235	179	105	25	−25
31	−34		71		187		255	234		101		−26

부록 2. 각 순(旬)초 일부터 4주, 6주, 8주간의 적산온도

[표 92] 각 순(旬)초 일부터 4주간의 적산온도(°D·D)

지역		1월			2월			3월			4월			5월			6월		
		1일	11일	21일	1일	11일	21일	1일	11일	21일	1일	11일	21일	1일	11일	21일	1일	11일	21일
강원도	속초	272	274	294	324	353	394	433	488	540	602	647	690	724	758	786	818	846	882
	대관령	59	57	92	130	166	213	264	332	400	476	532	576	610	650	687	718	745	777
	춘천	149	161	195	247	297	352	404	472	538	607	664	712	757	800	848	887	916	940
	강릉	293	292	310	340	370	409	451	510	565	634	687	731	769	803	832	859	885	916
	원주	160	160	195	245	295	349	403	469	533	603	665	712	757	799	847	886	917	939
	철원	123	134	165	222	270	327	374	439	505	573	633	682	732	776	825	862	891	914
	인제	133	138	168	218	267	318	371	437	500	571	629	673	714	753	797	837	869	895
	홍천	124	132	163	215	268	322	376	442	506	576	637	684	729	772	820	863	896	921
	태백	145	144	163	200	236	280	325	389	449	522	582	627	668	703	738	773	804	831
경기도	서울	212	218	245	290	333	381	432	496	556	624	681	726	771	816	863	900	927	947
	인천	221	224	248	287	327	372	418	474	528	590	645	689	733	775	821	861	893	919
	수원	199	203	228	272	316	365	414	475	533	600	659	707	755	798	846	885	917	942
	강화	172	178	207	253	298	346	395	455	512	575	630	673	717	758	804	845	879	906
	양평	185	192	215	264	313	368	414	476	537	607	669	712	757	798	847	887	919	940
	이천	192	202	225	273	320	375	419	478	539	607	671	712	760	800	846	883	912	932
충청남도	서산	225	221	239	275	313	356	402	459	513	578	636	684	733	778	827	867	899	925
	대전	251	257	275	321	364	414	455	514	571	637	699	740	784	822	867	903	930	948
	천안	200	202	225	268	312	360	408	469	526	594	657	707	756	797	843	879	911	937
	보령	258	254	270	302	336	375	418	470	520	582	639	686	732	774	822	862	897	927
	부여	225	228	250	290	329	373	421	482	537	601	661	710	757	802	850	889	920	944
	성산	455	442	447	467	488	512	536	571	605	647	687	717	748	779	816	853	887	925
	금산	205	206	230	271	312	358	409	472	531	597	657	704	747	788	834	875	908	933
충청북도	제천	133	141	172	222	267	319	370	437	498	568	630	677	721	763	811	852	883	904
	충주	164	164	195	242	295	344	402	467	528	600	660	711	751	795	842	883	916	938
	보은	184	185	208	250	293	342	393	457	517	584	643	690	732	774	818	858	888	912
	청주	213	218	244	288	331	380	432	498	558	627	687	735	780	823	869	906	935	958
경상남도	울산	335	335	356	387	419	455	495	546	594	654	703	741	777	809	844	875	904	936
	부산	368	367	386	418	447	480	517	564	606	657	699	733	766	796	829	857	883	910
	통영	369	368	381	417	449	484	515	560	602	651	695	728	765	797	833	861	889	918
	진주	279	277	300	338	374	414	463	521	574	634	686	729	767	808	847	881	909	939
	창원	360	357	375	412	445	478	517	568	615	670	715	752	789	827	860	886	911	940

[표 93] 각 순(旬)초 일부터 4주간의 적산온도(°D·D)

지역		7월			8월			9월			10월			11월			12월		
		1일	11일	21일	1일	11일	21일	1일	11일	21일	1일	11일	21일	1일	11일	21일	1일	11일	21일
강원도	속초	918	948	959	945	916	879	836	795	751	703	650	585	522	457	401	359	321	294
	대관령	812	838	840	816	778	730	673	618	568	515	462	399	334	266	202	157	120	87
	춘천	964	984	991	971	934	881	822	760	699	633	565	491	419	347	282	234	191	165
	강릉	952	983	993	974	939	899	852	808	768	720	669	608	545	479	424	381	343	318
	원주	963	987	998	981	944	893	833	768	710	644	576	506	432	358	296	249	205	179
	철원	937	956	967	949	914	861	803	739	674	608	541	468	395	321	257	206	161	136
	인제	921	946	955	937	899	851	794	734	677	613	547	481	412	342	281	232	185	156
	홍천	946	970	980	962	925	873	811	744	683	614	545	473	401	327	263	214	169	143
	태백	860	885	891	872	835	790	733	678	628	576	519	460	396	329	274	231	192	168
경기도	서울	972	998	1015	1003	972	928	879	823	768	704	636	563	489	411	348	299	256	231
	인천	947	977	997	990	962	921	875	822	770	709	644	572	499	423	361	311	269	241
	수원	970	997	1013	1000	968	922	869	808	749	683	614	544	472	398	337	288	245	219
	강화	934	962	979	969	938	893	841	784	728	664	599	528	455	378	315	265	221	192
	양평	966	986	997	979	945	899	842	778	715	650	581	514	438	365	302	252	214	196
	이천	958	983	996	979	940	893	838	778	716	655	587	516	437	361	305	254	219	197
충청남도	서산	956	985	1000	987	954	908	856	798	742	680	617	552	484	414	357	311	273	248
	대전	975	1002	1016	1001	968	930	881	824	761	700	636	567	497	423	370	320	285	263
	천안	967	992	1003	986	952	904	847	785	726	662	596	529	461	390	333	285	245	219
	보령	961	992	1009	998	966	922	870	814	760	701	641	578	514	446	390	343	305	280
	부여	975	1003	1016	998	963	914	859	796	735	668	602	536	470	402	347	300	264	242
	성산	967	1004	1019	1018	997	968	930	887	844	799	755	709	659	607	563	527	497	479
	금산	963	986	995	977	941	892	834	769	707	643	581	517	449	378	323	278	243	222
충청북도	제천	929	955	967	951	914	862	802	736	676	609	540	472	401	329	269	220	176	150
	충주	965	988	999	981	945	891	828	761	705	637	570	504	436	364	301	258	217	190
	보은	941	966	976	959	923	873	813	748	689	624	560	497	431	361	305	259	222	200
	청주	986	1011	1023	1006	971	923	867	805	747	683	615	546	476	403	344	295	255	231
경상남도	울산	974	1007	1020	1009	978	938	888	840	794	742	686	627	565	501	447	405	373	354
	부산	949	988	1009	1008	986	953	909	867	827	780	728	670	611	548	492	448	412	391
	통영	957	994	1014	1013	989	957	916	873	830	782	725	665	601	536	485	441	409	388
	진주	977	1005	1014	1002	974	931	873	811	757	695	631	568	502	438	382	340	310	295
	창원	981	1015	1030	1023	1004	971	923	874	828	775	716	658	595	533	475	436	403	385

[표 94] 각 순(旬)초 일부터 4주간의 적산온도(°D·D)

지역		1월			2월			3월			4월			5월			6월		
		1일	11일	21일	1일	11일	21일	1일	11일	21일	1일	11일	21일	1일	11일	21일	1일	11일	21일
경상북도	울릉도	321	312	321	340	361	392	427	478	525	584	632	672	709	741	773	802	829	859
	포항	331	332	353	386	418	455	496	549	599	661	712	750	784	815	846	875	904	936
	대구	296	299	323	361	399	443	490	551	607	673	729	771	811	848	887	917	941	964
	영주	198	203	229	270	312	358	408	473	533	602	660	704	747	788	831	866	893	915
	영덕	299	299	317	347	377	415	454	506	556	619	672	710	745	776	807	839	870	903
	의성	182	187	213	258	303	352	405	469	529	598	658	703	743	784	830	871	903	929
	구미	243	246	270	310	349	395	446	510	570	636	693	737	778	818	861	895	920	941
	추풍령	223	225	247	284	322	368	419	483	543	611	668	711	750	789	829	863	890	912
	안동	218	224	247	286	327	373	422	486	547	617	676	719	761	801	842	877	904	926
	울진	310	307	323	350	378	414	452	504	551	610	658	696	727	754	781	811	843	876
	봉화	170	174	194	237	277	324	368	428	485	552	613	659	701	739	781	821	854	880
전라남도	목포	329	323	336	360	388	422	462	514	562	620	672	716	759	799	841	875	904	932
	완도	355	348	362	388	415	447	485	533	578	630	677	714	753	789	825	857	885	916
	여수	347	344	361	391	420	454	496	550	596	650	691	729	766	801	836	864	888	916
	장흥	297	294	311	343	374	410	452	505	554	610	662	707	749	790	831	867	898	929
	해남	316	311	325	352	381	417	458	509	557	614	667	712	755	796	837	873	903	934
	고흥	318	316	334	365	396	432	474	527	576	631	680	721	760	796	834	867	897	929
	광주	298	296	314	349	383	424	470	529	582	643	697	743	786	828	871	904	931	956
	순천	268	268	287	324	359	399	445	503	556	615	669	713	754	795	837	877	909	939
	흑산도	372	364	366	386	385	370	345	394	471	570	614	649	691	727	770	807	841	870
전라북도	부안	263	263	282	314	347	385	427	479	529	591	651	699	746	787	833	871	907	938
	임실	215	212	231	272	311	354	396	454	507	570	629	677	722	764	809	852	886	915
	정읍	265	264	282	317	353	395	442	499	553	618	678	727	772	812	856	893	925	955
	남원	242	246	263	307	346	390	431	487	541	606	669	715	761	803	852	892	922	946
	장수	198	197	214	252	295	342	387	443	499	564	626	671	714	750	793	833	865	892
	군산	271	266	282	310	343	381	426	479	529	592	649	698	744	788	833	871	905	934
	전주	267	265	284	321	359	403	451	510	564	630	691	739	783	823	868	906	938	965
제주도	제주	442	432	440	459	481	507	538	577	615	662	706	742	775	805	841	878	916	958
	서귀포	473	465	476	497	517	541	572	612	647	689	727	762	795	826	857	885	913	949

[표 95] 각 순(旬)초 일부터 4주간의 적산온도(°D·D)

지역		7월			8월			9월			10월			11월			12월		
		1일	11일	21일	1일	11일	21일	1일	11일	21일	1일	11일	21일	1일	11일	21일	1일	11일	21일
경상북도	울릉도	802	829	859	897	933	951	839	798	760	715	667	612	557	499	450	409	373	348
	포항	875	904	936	973	1006	1017	890	845	802	752	698	637	574	507	451	408	373	352
	대구	917	941	964	997	1027	1037	893	839	790	733	672	607	539	469	411	366	332	313
	영주	866	893	915	941	967	977	822	760	703	641	576	511	443	373	314	270	235	214
	영덕	839	870	903	939	971	981	844	797	753	703	651	593	534	470	417	374	340	320
	의성	871	903	929	959	985	994	830	764	702	634	565	497	427	356	297	252	216	197
	구미	895	920	941	971	997	1006	848	787	731	671	608	543	475	406	350	308	277	258
	추풍령	863	890	912	940	965	975	825	767	714	657	596	531	465	396	339	296	262	241
	안동	877	904	926	956	985	996	841	778	721	660	595	528	458	387	330	285	250	231
	울진	811	843	876	913	946	960	841	797	756	709	659	601	541	480	429	390	355	333
	봉화	821	854	880	908	931	940	785	721	658	595	528	465	397	331	275	233	198	183
전라남도	목포	969	1004	1021	1015	987	950	905	856	807	754	697	637	573	508	453	408	373	351
	완도	954	989	1005	1003	982	950	907	861	815	763	706	647	586	524	472	429	397	376
	여수	953	988	1006	1004	984	952	911	866	822	772	717	656	593	528	473	429	393	370
	장흥	964	994	1005	995	966	924	872	814	758	699	639	580	516	454	402	360	330	314
	해남	971	1003	1015	1006	977	937	885	830	776	720	663	605	542	480	426	384	352	334
	고흥	966	998	1011	1004	978	939	889	835	784	728	669	608	544	479	426	384	352	334
	광주	990	1020	1032	1019	988	946	898	841	788	730	670	607	541	474	418	373	337	317
	순천	972	997	1005	990	960	915	859	797	739	677	616	555	490	426	373	330	299	282
	흑산도	906	943	966	969	947	918	882	845	804	761	710	655	600	544	498	453	418	393
전라북도	부안	974	1004	1016	1001	968	924	870	812	756	698	640	580	514	445	389	343	306	283
	임실	947	969	977	959	926	883	828	763	698	634	572	511	444	377	321	278	246	231
	정읍	989	1017	1027	1011	977	931	878	820	766	706	647	584	518	448	392	346	309	286
	남원	975	998	1007	991	958	917	862	796	728	664	599	538	469	401	344	298	265	251
	장수	921	942	949	931	900	855	798	732	670	609	549	490	425	361	309	267	234	215
	군산	972	1003	1017	1003	973	931	881	825	774	713	651	588	523	456	397	355	319	296
	전주	998	1025	1035	1019	986	941	889	829	772	710	649	585	518	448	393	347	310	288
제주도	제주	998	1030	1039	1033	1007	972	929	885	843	797	748	697	645	591	547	512	484	465
	서귀포	992	1029	1044	1041	1022	992	954	913	873	828	781	732	681	627	581	544	514	495

[표 96] 각 순(旬)초 일부터 6주간의 적산온도(°D·D)

지역		1월			2월			3월			4월			5월			6월		
		1일	11일	21일	1일	11일	21일	1일	11일	21일	1일	11일	21일	1일	11일	21일	1일	11일	21일
강원도	속초	419	438	470	516	576	639	705	789	869	943	1012	1072	1118	1166	1213	1256	1308	1362
	대관령	102	127	172	230	307	381	465	574	672	762	839	904	956	1009	1060	1106	1154	1203
	춘천	243	289	345	414	509	591	675	780	874	965	1043	1116	1182	1246	1308	1357	1399	1437
	강릉	447	465	495	540	602	663	738	827	912	1001	1074	1136	1188	1231	1275	1316	1363	1413
	원주	254	293	345	413	505	584	672	775	867	964	1042	1114	1183	1244	1305	1357	1397	1436
	철원	204	247	304	375	467	549	627	732	824	916	999	1074	1145	1210	1271	1319	1360	1396
	인제	214	251	304	371	460	537	624	726	817	911	985	1051	1114	1173	1232	1285	1331	1371
	홍천	202	244	299	370	464	544	632	735	826	922	1000	1072	1142	1205	1269	1324	1369	1410
	태백	225	247	282	335	406	474	553	653	743	838	917	981	1039	1089	1140	1189	1235	1278
경기도	서울	332	366	414	474	557	630	713	812	898	990	1065	1136	1206	1267	1326	1375	1412	1450
	인천	343	371	413	468	543	609	685	773	852	937	1009	1078	1145	1207	1268	1321	1366	1411
	수원	310	342	388	448	531	603	684	779	865	957	1035	1109	1179	1243	1304	1357	1402	1444
	강화	274	308	358	420	503	575	654	746	829	915	987	1055	1120	1183	1245	1298	1346	1390
	양평	290	324	377	440	527	606	685	784	873	968	1044	1114	1183	1244	1306	1359	1401	1438
	이천	302	339	391	452	538	613	690	789	874	969	1047	1116	1186	1243	1302	1350	1390	1428
충청남도	서산	342	362	396	447	520	586	661	751	833	923	1001	1076	1148	1214	1277	1329	1377	1422
	대전	386	418	463	518	600	670	742	839	921	1012	1088	1153	1221	1277	1332	1378	1416	1454
	천안	309	339	383	442	524	594	674	769	856	952	1034	1109	1179	1239	1298	1349	1394	1437
	보령	390	409	439	485	552	611	681	764	843	929	1003	1077	1144	1207	1271	1326	1378	1427
	부여	348	376	416	470	547	615	692	785	870	959	1038	1114	1185	1249	1310	1362	1407	1451
	성산	677	678	692	719	760	797	840	897	950	1009	1059	1108	1157	1207	1260	1313	1375	1431
	금산	317	346	387	444	524	595	677	774	862	953	1030	1100	1167	1228	1288	1343	1388	1431
충청북도	제천	216	256	305	372	462	539	623	724	815	911	988	1061	1129	1191	1253	1306	1347	1386
	충주	256	292	340	410	502	579	669	768	863	957	1036	1110	1174	1238	1299	1354	1397	1436
	보은	285	314	357	415	498	572	654	752	840	932	1008	1078	1144	1204	1263	1315	1358	1400
	청주	332	365	411	471	555	630	714	815	904	998	1076	1149	1218	1277	1336	1386	1427	1468
경상남도	울산	511	533	564	611	672	727	795	874	948	1027	1092	1149	1200	1247	1296	1343	1393	1444
	부산	560	580	609	653	711	762	823	894	958	1025	1082	1134	1181	1227	1270	1311	1359	1409
	통영	558	578	608	653	712	764	819	888	951	1018	1075	1130	1182	1229	1276	1319	1369	1418
	진주	425	452	486	539	611	676	751	840	920	998	1071	1134	1193	1250	1301	1351	1398	1446
	창원	545	568	596	646	708	762	826	905	975	1046	1112	1169	1220	1271	1314	1356	1404	1453

[표 97] 각 순(旬)초 일부터 6주간의 적산온도(°D·D)

지역		7월			8월			9월			10월			11월			12월		
		1일	11일	21일	1일	11일	21일	1일	11일	21일	1일	11일	21일	1일	11일	21일	1일	11일	21일
강원도	속초	1400	1421	1416	1387	1332	1273	1216	1144	1070	1001	904	809	726	631	560	502	453	426
	대관령	1236	1244	1228	1184	1111	1035	961	873	792	720	624	526	439	338	260	201	141	111
	춘천	1462	1471	1455	1415	1341	1256	1176	1074	972	884	768	658	564	458	376	311	265	241
	강릉	1454	1470	1461	1425	1364	1301	1238	1168	1097	1028	936	845	758	664	596	536	487	459
	원주	1467	1478	1468	1429	1359	1276	1189	1090	991	899	789	681	582	479	399	331	285	258
	철원	1423	1433	1420	1384	1311	1225	1144	1040	936	848	732	622	529	421	334	270	222	197
	인제	1404	1415	1403	1364	1295	1215	1134	1040	944	855	750	648	555	454	374	303	250	220
	홍천	1441	1453	1441	1401	1329	1243	1154	1051	947	853	742	633	534	429	348	278	231	205
	태백	1311	1321	1309	1268	1200	1126	1049	965	881	808	713	621	533	441	370	309	265	234
경기도	서울	1484	1502	1499	1469	1410	1338	1264	1174	1079	988	876	766	663	557	476	408	362	336
	인천	1450	1474	1476	1452	1398	1331	1261	1176	1086	998	889	781	680	575	495	426	378	349
	수원	1480	1499	1495	1462	1401	1324	1245	1149	1050	957	846	739	641	538	459	392	344	316
	강화	1428	1449	1446	1417	1357	1283	1207	1116	1020	932	822	714	614	507	425	355	306	278
	양평	1468	1478	1467	1430	1365	1285	1201	1103	1000	908	797	691	591	487	408	345	306	288
	이천	1460	1474	1464	1426	1358	1280	1198	1103	1007	915	798	696	588	486	413	346	315	297
충청남도	서산	1460	1480	1475	1442	1380	1306	1228	1138	1044	958	855	755	663	567	492	431	385	353
	대전	1488	1504	1498	1466	1409	1339	1264	1172	1075	987	876	780	678	581	512	444	411	388
	천안	1472	1487	1478	1440	1374	1294	1211	1115	1017	928	823	721	627	530	454	391	344	315
	보령	1470	1493	1491	1460	1400	1327	1251	1165	1075	993	895	799	709	615	541	479	434	402
	부여	1487	1504	1496	1457	1391	1311	1227	1129	1029	938	833	734	643	550	477	417	377	351
	성산	1481	1513	1519	1502	1462	1411	1352	1286	1217	1155	1080	1010	941	867	811	764	724	693
	금산	1464	1476	1465	1424	1356	1275	1187	1089	991	904	802	702	610	515	443	385	345	320
충청북도	제천	1418	1431	1423	1384	1312	1229	1140	1040	939	846	738	633	537	437	356	288	242	216
	충주	1468	1480	1470	1429	1355	1270	1180	1080	981	889	788	679	586	491	409	347	298	265
	보은	1433	1446	1437	1397	1327	1246	1157	1060	962	875	773	674	583	488	415	354	313	288
	청주	1502	1515	1507	1469	1402	1324	1241	1146	1048	957	850	744	648	548	471	405	361	336
경상남도	울산	1489	1512	1510	1478	1421	1357	1286	1210	1131	1057	965	875	788	700	633	578	540	516
	부산	1459	1492	1503	1485	1439	1385	1324	1256	1185	1116	1029	942	858	767	699	639	596	569
	통영	1469	1501	1509	1492	1447	1393	1333	1264	1188	1116	1020	932	842	754	689	629	594	566
	진주	1487	1505	1502	1469	1407	1335	1251	1159	1065	978	880	782	693	605	535	485	450	427
	창원	1500	1526	1533	1511	1462	1406	1339	1260	1181	1102	1012	920	832	747	677	623	585	555

[표 98] 각 순(旬)초 일부터 6주간의 적산온도(°D·D)

지역		1월			2월			3월			4월			5월			6월		
		1일	11일	21일	1일	11일	21일	1일	11일	21일	1일	11일	21일	1일	11일	21일	1일	11일	21일
경상북도	울릉도	481	485	501	532	580	630	693	770	844	922	988	1046	1097	1143	1188	1231	1279	1331
	포항	506	529	561	609	672	729	798	880	958	1038	1105	1161	1209	1252	1298	1343	1392	1444
	대구	455	484	523	578	652	718	797	889	974	1062	1134	1198	1256	1308	1356	1400	1441	1482
	영주	310	342	386	444	523	595	678	776	865	957	1032	1101	1165	1222	1277	1324	1363	1402
	영덕	456	475	506	550	610	667	735	816	895	977	1044	1102	1150	1194	1243	1290	1341	1393
	의성	286	320	366	427	513	588	672	771	861	952	1029	1097	1161	1221	1282	1337	1383	1426
	구미	375	405	446	501	579	652	734	831	919	1008	1082	1149	1211	1267	1321	1367	1405	1445
	추풍령	344	370	409	462	539	611	693	792	880	970	1042	1108	1168	1221	1274	1320	1359	1399
	안동	339	370	412	467	544	617	698	797	887	980	1056	1122	1185	1240	1294	1341	1380	1423
	울진	470	485	512	553	610	665	731	809	883	960	1023	1076	1119	1159	1204	1249	1301	1354
	봉화	266	294	337	392	468	539	613	708	794	885	964	1030	1094	1151	1208	1262	1308	1350
전라남도	목포	494	507	529	567	625	679	746	825	901	980	1050	1119	1181	1239	1293	1340	1390	1438
	완도	534	545	569	607	662	714	776	850	918	989	1053	1111	1167	1218	1268	1314	1364	1414
	여수	526	543	570	613	673	733	798	875	944	1015	1074	1132	1185	1234	1279	1320	1366	1413
	장흥	450	468	499	542	605	664	731	813	888	966	1037	1104	1166	1225	1280	1331	1382	1429
	해남	476	490	516	556	616	673	739	819	894	973	1045	1113	1175	1233	1288	1339	1390	1440
	고흥	482	501	532	576	638	697	764	845	918	994	1060	1122	1178	1231	1283	1331	1382	1432
	광주	453	474	507	555	625	690	764	852	933	1017	1089	1160	1224	1282	1335	1383	1427	1471
	순천	410	433	468	517	587	653	726	814	893	974	1046	1112	1175	1235	1292	1347	1396	1442
	흑산도	554	559	565	565	558	559	594	681	777	898	957	1015	1076	1134	1191	1243	1294	1344
전라북도	부안	402	423	455	502	566	625	694	777	857	945	1022	1096	1163	1225	1287	1341	1395	1445
	임실	328	352	390	442	516	582	652	743	824	912	990	1060	1129	1191	1253	1310	1360	1404
	정읍	404	426	459	509	581	645	721	810	895	985	1063	1136	1201	1260	1319	1371	1421	1468
	남원	372	401	440	494	569	635	703	796	878	968	1047	1118	1189	1252	1313	1366	1409	1449
	장수	302	324	364	417	494	564	638	730	814	904	981	1048	1112	1168	1226	1280	1326	1367
	군산	409	425	452	498	561	621	693	775	857	943	1020	1095	1161	1225	1286	1339	1390	1442
	전주	407	430	465	517	592	659	736	827	913	1004	1080	1153	1218	1277	1337	1389	1437	1482
제주도	제주	660	664	680	709	755	796	847	909	970	1035	1092	1147	1197	1245	1300	1356	1420	1476
	서귀포	709	718	734	763	808	847	897	957	1012	1071	1125	1177	1225	1269	1314	1358	1413	1468

[표 99] 각 순(旬)초 일부터 6주간의 적산온도(°D·D)

지역		7월			8월			9월			10월			11월			12월		
		1일	11일	21일	1일	11일	21일	1일	11일	21일	1일	11일	21일	1일	11일	21일	1일	11일	21일
경상북도	울릉도	1378	1406	1411	1386	1336	1281	1221	1155	1088	1024	941	860	783	699	636	580	532	499
	포항	1487	1507	1505	1473	1417	1358	1292	1221	1145	1073	980	888	800	707	638	579	538	512
	대구	1522	1538	1532	1496	1434	1364	1288	1206	1119	1039	938	839	744	649	577	518	480	457
	영주	1435	1448	1440	1403	1335	1257	1174	1080	984	897	794	694	600	505	432	372	334	312
	영덕	1435	1454	1449	1415	1355	1290	1221	1148	1072	1003	914	826	743	653	587	530	489	464
	의성	1461	1474	1466	1426	1355	1273	1182	1080	977	884	776	671	576	479	405	345	308	286
	구미	1479	1492	1484	1445	1377	1299	1214	1122	1029	944	843	743	650	558	488	433	398	377
	추풍령	1432	1445	1438	1401	1336	1262	1183	1095	1006	924	825	727	634	541	470	412	373	348
	안동	1459	1474	1468	1431	1363	1286	1203	1107	1012	925	820	719	622	527	454	395	359	338
	울진	1398	1421	1421	1394	1342	1283	1221	1151	1080	1013	924	838	758	670	607	552	508	482
	봉화	1383	1394	1383	1345	1279	1200	1116	1017	917	828	723	626	536	444	374	319	284	264
전라남도	목포	1484	1512	1515	1490	1439	1377	1309	1232	1151	1073	981	889	800	709	638	580	536	507
	완도	1461	1490	1497	1479	1435	1379	1315	1242	1163	1087	996	907	822	736	669	614	573	545
	여수	1460	1490	1498	1481	1438	1384	1323	1252	1175	1102	1009	918	830	739	669	610	566	537
	장흥	1471	1492	1489	1458	1401	1331	1250	1163	1072	989	895	803	717	631	565	515	479	455
	해남	1482	1506	1504	1475	1419	1350	1274	1189	1102	1023	931	842	756	669	601	549	511	485
	고흥	1476	1500	1501	1475	1421	1356	1282	1199	1114	1033	937	845	756	668	601	548	511	488
	광주	1511	1530	1526	1493	1435	1367	1292	1206	1118	1035	937	841	750	657	586	528	487	460
	순천	1478	1493	1485	1450	1387	1313	1229	1135	1041	956	858	764	677	588	520	469	434	411
	흑산도	1394	1428	1440	1427	1388	1339	1286	1225	1156	1090	1004	928	848	768	706	645	603	571
전라북도	부안	1486	1506	1500	1464	1402	1328	1249	1160	1071	989	894	799	709	615	541	481	438	409
	임실	1438	1450	1439	1402	1340	1263	1177	1077	978	891	791	696	605	513	443	390	356	331
	정읍	1507	1523	1515	1477	1415	1341	1261	1173	1083	1001	902	805	714	618	545	485	441	412
	남원	1482	1494	1485	1450	1390	1313	1227	1127	1023	933	830	735	640	547	474	418	389	369
	장수	1399	1409	1398	1360	1298	1220	1134	1035	938	856	757	667	580	491	426	369	333	308
	군산	1484	1505	1503	1470	1411	1342	1268	1182	1093	1008	912	812	722	631	556	498	454	423
	전주	1519	1535	1528	1491	1429	1355	1275	1184	1090	1005	905	806	715	620	546	487	444	415
제주도	제주	1522	1547	1545	1519	1471	1414	1351	1283	1212	1146	1067	991	918	844	789	742	705	676
	서귀포	1517	1550	1556	1538	1498	1448	1391	1326	1259	1195	1118	1044	972	895	838	788	751	723

[표 100] 각 순(旬)초 일부터 8주간의 적산온도(°D·D)

지역		1월			2월			3월			4월			5월			6월		
		1일	11일	21일	1일	11일	21일	1일	11일	21일	1일	11일	21일	1일	11일	21일	1일	11일	21일
강원도	속초	586	621	680	745	837	932	1017	1127	1223	1314	1400	1475	1532	1599	1662	1725	1791	1842
	대관령	175	215	295	378	493	610	719	855	970	1074	1178	1260	1319	1390	1459	1521	1580	1619
	춘천	381	447	536	635	763	889	992	1128	1243	1351	1459	1556	1633	1712	1784	1843	1897	1932
	강릉	623	656	711	778	872	970	1065	1185	1287	1393	1485	1561	1620	1682	1742	1801	1862	1909
	원주	389	452	533	633	755	878	986	1122	1236	1347	1455	1552	1633	1709	1780	1842	1898	1934
	철원	327	394	481	580	705	830	928	1064	1180	1290	1403	1503	1583	1664	1735	1792	1845	1881
	인제	335	395	476	573	694	815	922	1054	1165	1274	1374	1464	1540	1614	1686	1751	1810	1849
	홍천	323	390	474	576	700	825	932	1067	1181	1292	1400	1498	1581	1661	1736	1802	1861	1900
	태백	333	374	434	511	615	724	827	958	1067	1180	1277	1362	1430	1499	1563	1626	1683	1721
경기도	서울	488	543	616	707	819	935	1037	1165	1274	1382	1487	1582	1662	1736	1806	1864	1920	1960
	인천	495	543	611	692	793	897	990	1108	1208	1310	1411	1504	1583	1660	1734	1799	1864	1913
	수원	457	511	583	672	783	895	995	1123	1231	1341	1448	1547	1629	1708	1783	1846	1909	1952
	강화	411	468	543	634	744	855	953	1073	1177	1279	1380	1472	1551	1630	1705	1770	1835	1883
	양평	432	495	571	663	780	900	1002	1132	1241	1351	1457	1553	1633	1709	1782	1846	1901	1936
	이천	449	513	588	678	789	911	1007	1137	1243	1354	1461	1553	1633	1705	1774	1834	1889	1926
충청남도	서산	488	527	586	664	763	866	961	1082	1189	1296	1405	1505	1589	1670	1746	1813	1878	1923
	대전	557	613	678	763	869	983	1074	1201	1303	1409	1512	1601	1678	1746	1811	1871	1926	1962
	천안	454	505	575	663	771	883	983	1113	1224	1336	1446	1545	1625	1701	1774	1837	1897	1938
	보령	550	584	637	708	799	892	982	1098	1198	1301	1405	1503	1583	1663	1743	1812	1883	1933
	부여	503	549	613	698	802	907	1004	1130	1238	1345	1454	1554	1636	1715	1789	1855	1917	1958
	성산	915	926	954	996	1054	1115	1171	1250	1316	1387	1459	1529	1590	1658	1734	1808	1884	1943
	금산	463	510	578	666	775	885	987	1117	1226	1333	1438	1533	1611	1688	1762	1829	1889	1926
충청북도	제천	339	397	478	576	696	817	919	1054	1166	1277	1384	1482	1562	1639	1711	1774	1832	1869
	충주	391	448	529	628	752	868	981	1114	1230	1340	1447	1547	1623	1703	1775	1840	1898	1935
	보은	421	471	540	629	741	855	958	1088	1197	1304	1408	1503	1579	1655	1725	1790	1848	1886
	청주	487	541	613	705	819	935	1039	1172	1284	1395	1502	1598	1676	1751	1821	1883	1941	1979
경상남도	울산	712	748	803	871	957	1046	1132	1238	1328	1421	1507	1582	1642	1707	1773	1839	1905	1954
	부산	777	809	859	924	1004	1084	1160	1254	1333	1413	1489	1559	1615	1673	1734	1795	1863	1916
	통영	774	810	857	922	1002	1084	1153	1245	1324	1406	1485	1557	1618	1679	1745	1807	1875	1930
	진주	604	644	706	786	885	984	1080	1195	1295	1390	1487	1571	1638	1711	1780	1846	1909	1951
	창원	760	796	846	917	1004	1088	1173	1272	1360	1449	1535	1609	1668	1732	1794	1856	1920	1968

[표 101] 각 순(旬)초 일부터 8주간의 적산온도(°D·D)

지역		7월			8월			9월			10월			11월			12월		
		1일	11일	21일	1일	11일	21일	1일	11일	21일	1일	11일	21일	1일	11일	21일	1일	11일	21일
강원도	속초	1868	1870	1843	1795	1718	1637	1554	1453	1342	1244	1117	993	894	780	696	634	593	585
	대관령	1636	1622	1575	1507	1405	1306	1204	1088	972	869	738	609	505	388	289	223	175	173
	춘천	1943	1925	1879	1812	1703	1589	1475	1335	1196	1073	923	781	669	541	448	386	347	355
	강릉	1934	1930	1897	1841	1757	1675	1587	1489	1384	1285	1162	1042	938	827	744	678	634	626
	원주	1952	1939	1898	1833	1726	1615	1497	1358	1226	1097	951	813	696	570	479	411	369	371
	철원	1893	1877	1835	1770	1662	1545	1432	1289	1150	1023	874	733	620	486	396	330	292	297
	인제	1867	1854	1813	1749	1646	1539	1427	1295	1167	1044	905	772	659	535	440	367	320	320
	홍천	1917	1904	1861	1793	1684	1568	1446	1303	1167	1036	888	747	630	503	409	340	298	302
	태백	1741	1728	1688	1622	1525	1428	1325	1209	1096	989	863	742	640	527	445	379	336	330
경기도	서울	1982	1977	1950	1898	1807	1707	1602	1474	1341	1214	1064	922	802	674	582	513	473	473
	인천	1942	1945	1924	1879	1795	1702	1602	1480	1352	1230	1083	945	825	699	605	534	491	486
	수원	1977	1972	1942	1886	1789	1683	1572	1437	1303	1175	1029	891	774	650	559	490	446	444
	강화	1909	1907	1879	1827	1734	1633	1525	1396	1266	1141	993	855	735	606	511	440	396	396
	양평	1953	1939	1902	1839	1737	1626	1514	1373	1241	1108	963	825	707	586	500	437	403	408
	이천	1945	1932	1896	1833	1731	1620	1512	1379	1243	1111	966	830	708	586	505	445	417	422
충청남도	서산	1949	1946	1916	1859	1764	1662	1555	1428	1304	1184	1047	919	809	693	608	541	494	484
	대전	1984	1978	1952	1897	1804	1702	1602	1472	1340	1214	1075	945	832	714	637	571	539	538
	천안	1961	1951	1914	1851	1750	1641	1528	1394	1265	1142	1002	872	760	641	554	488	445	441
	보령	1966	1966	1938	1884	1792	1693	1590	1467	1348	1234	1102	979	871	757	672	605	559	548
	부여	1982	1974	1938	1875	1773	1662	1547	1411	1281	1157	1019	893	784	672	591	529	490	489
	성산	1988	2006	1992	1959	1894	1820	1743	1652	1560	1471	1373	1279	1197	1109	1043	987	942	925
	금산	1948	1935	1895	1829	1724	1612	1496	1361	1233	1111	975	849	740	627	547	485	448	449
충청북도	제천	1889	1876	1837	1772	1664	1551	1431	1290	1158	1029	886	751	637	513	422	355	315	319
	충주	1954	1941	1897	1829	1721	1607	1485	1344	1218	1094	949	817	706	588	494	426	380	379
	보은	1908	1897	1857	1791	1685	1574	1456	1321	1195	1074	938	811	703	589	507	444	406	405
	청주	2000	1990	1953	1890	1789	1682	1569	1434	1304	1178	1035	900	786	665	577	511	471	471
경상남도	울산	1989	1992	1964	1913	1828	1742	1646	1537	1428	1325	1201	1083	981	879	803	743	707	707
	부산	1960	1978	1966	1931	1862	1788	1703	1606	1505	1408	1289	1172	1071	966	885	821	779	775
	통영	1972	1989	1976	1942	1872	1796	1714	1610	1504	1399	1276	1158	1055	950	876	812	775	768
	진주	1984	1984	1952	1893	1798	1698	1587	1454	1333	1215	1084	959	854	753	678	622	588	591
	창원	2008	2022	2005	1962	1888	1808	1715	1602	1494	1387	1262	1142	1042	940	863	801	761	758

[표 102] 각 순(旬)초 일부터 8주간의 적산온도(°D·D)

지역		1월			2월			3월			4월			5월			6월		
		1일	11일	21일	1일	11일	21일	1일	11일	21일	1일	11일	21일	1일	11일	21일	1일	11일	21일
경상북도	울릉도	654	670	707	757	832	914	994	1099	1189	1284	1368	1443	1502	1564	1626	1688	1755	1808
	포항	707	744	800	869	959	1051	1139	1249	1341	1436	1521	1594	1650	1712	1775	1838	1904	1951
	대구	645	691	757	838	941	1046	1145	1267	1370	1473	1570	1654	1719	1783	1846	1905	1962	1999
	영주	455	507	577	663	775	887	991	1120	1228	1337	1439	1530	1603	1674	1741	1799	1854	1890
	영덕	636	670	723	789	877	968	1055	1166	1258	1355	1441	1515	1574	1638	1704	1768	1834	1883
	의성	426	481	555	647	762	877	983	1114	1223	1330	1434	1527	1603	1680	1753	1822	1883	1921
	구미	540	588	656	741	850	961	1064	1191	1298	1403	1504	1593	1664	1733	1798	1857	1912	1946
	추풍령	495	540	605	688	796	908	1011	1139	1246	1351	1450	1535	1604	1672	1736	1795	1849	1885
	안동	491	543	610	694	803	916	1019	1149	1258	1366	1468	1557	1628	1697	1763	1824	1882	1919
	울진	651	680	729	791	874	961	1046	1151	1239	1330	1408	1475	1529	1590	1651	1714	1782	1834
	봉화	392	444	508	591	696	805	902	1028	1135	1243	1344	1436	1510	1585	1655	1721	1780	1818
전라남도	목포	681	706	750	811	894	980	1066	1174	1270	1366	1463	1552	1625	1696	1768	1833	1901	1951
	완도	734	758	802	862	940	1022	1100	1199	1286	1372	1459	1535	1601	1667	1736	1799	1867	1919
	여수	729	759	808	874	963	1048	1130	1231	1318	1405	1485	1561	1622	1683	1747	1805	1869	1919
	장흥	629	662	713	782	870	961	1046	1156	1253	1347	1444	1532	1606	1680	1754	1821	1886	1932
	해남	659	687	734	798	883	971	1056	1165	1262	1357	1455	1544	1618	1691	1765	1833	1900	1947
	고흥	672	706	758	827	914	1005	1090	1197	1289	1380	1470	1551	1618	1686	1757	1823	1889	1938
	광주	752	750	739	737	775	840	886	997	1112	1250	1332	1414	1488	1561	1634	1703	1776	1833
	순천	580	620	678	755	853	952	1044	1161	1261	1357	1456	1545	1620	1696	1771	1840	1901	1943
	흑산도	752	750	739	737	775	840	886	997	1112	1250	1332	1414	1488	1561	1634	1703	1776	1833
전라북도	부안	567	603	658	729	818	911	1000	1117	1219	1324	1429	1526	1606	1686	1764	1835	1905	1952
	임실	474	517	575	656	757	857	948	1070	1175	1280	1385	1481	1562	1642	1718	1789	1851	1890
	정읍	571	610	668	746	843	944	1040	1164	1270	1377	1482	1578	1654	1730	1805	1872	1937	1980
	남원	535	584	644	725	825	928	1020	1143	1248	1355	1464	1560	1642	1719	1793	1859	1915	1952
	장수	437	484	545	626	729	838	933	1056	1161	1267	1369	1459	1534	1608	1679	1746	1802	1839
	군산	571	603	655	724	814	907	999	1115	1218	1323	1428	1526	1604	1685	1761	1831	1902	1949
	전주	577	617	678	759	861	964	1062	1188	1294	1401	1505	1601	1678	1753	1827	1893	1957	1998
제주도	제주	895	909	941	989	1052	1119	1185	1274	1350	1427	1505	1579	1641	1713	1791	1866	1940	1996
	서귀포	964	979	1011	1061	1123	1185	1249	1331	1402	1474	1548	1615	1672	1733	1800	1865	1935	1991

[표 103] 각 순(旬)초 일부터 8주간의 적산온도(°D·D)

지역		7월			8월			9월			10월			11월			12월		
		1일	11일	21일	1일	11일	21일	1일	11일	21일	1일	11일	21일	1일	11일	21일	1일	11일	21일
경상북도	울릉도	1846	1856	1838	1797	1725	1651	1568	1476	1379	1289	1178	1071	977	877	800	736	687	668
	포항	1984	1986	1958	1909	1828	1748	1657	1554	1447	1344	1219	1098	994	885	805	742	704	702
	대구	2027	2023	1990	1932	1840	1746	1643	1524	1405	1292	1157	1028	918	807	726	665	630	633
	영주	1911	1900	1864	1801	1699	1594	1481	1349	1224	1102	964	835	726	614	531	470	437	440
	영덕	1913	1912	1881	1827	1742	1656	1562	1459	1354	1255	1136	1019	920	816	738	677	638	634
	의성	1945	1935	1895	1828	1720	1607	1485	1342	1209	1080	938	804	692	579	497	436	401	407
	구미	1969	1960	1922	1857	1755	1650	1538	1407	1283	1165	1030	903	796	688	611	553	522	525
	추풍령	1907	1898	1863	1802	1705	1606	1499	1375	1255	1140	1007	880	774	663	583	521	486	485
	안동	1944	1936	1902	1839	1736	1632	1519	1386	1259	1137	998	868	756	643	564	504	471	474
	울진	1869	1874	1851	1805	1729	1651	1564	1467	1365	1268	1152	1039	943	840	764	704	662	654
	봉화	1839	1826	1790	1725	1622	1513	1400	1263	1133	1009	874	749	644	536	461	404	371	375
전라남도	목포	1988	1997	1977	1934	1853	1767	1675	1565	1453	1345	1220	1100	994	887	805	741	696	684
	완도	1960	1975	1960	1924	1853	1774	1686	1579	1470	1366	1244	1128	1027	926	850	788	745	736
	여수	1959	1976	1962	1928	1859	1784	1698	1594	1487	1383	1259	1138	1034	926	846	781	737	729
	장흥	1964	1966	1936	1883	1792	1693	1589	1464	1346	1232	1108	990	888	789	717	661	625	622
	해남	1982	1986	1958	1907	1819	1723	1622	1503	1390	1279	1157	1041	938	838	762	705	664	657
	고흥	1974	1981	1956	1909	1825	1734	1635	1516	1402	1289	1163	1043	939	837	762	705	668	666
	광주	1877	1894	1889	1861	1800	1730	1658	1566	1468	1375	1267	1160	1067	967	895	828	782	759
	순천	1969	1964	1927	1867	1770	1665	1555	1425	1303	1185	1057	937	832	730	657	601	566	567
	흑산도	1877	1894	1889	1861	1800	1730	1658	1566	1468	1375	1267	1160	1067	967	895	828	782	759
전라북도	부안	1983	1979	1947	1889	1793	1691	1586	1463	1345	1231	1101	979	870	758	674	610	568	562
	임실	1913	1903	1867	1805	1703	1593	1481	1346	1218	1096	965	842	736	629	555	496	459	460
	정읍	2008	2002	1965	1906	1810	1708	1602	1479	1359	1243	1110	986	877	763	680	615	572	566
	남원	1973	1964	1931	1870	1769	1658	1547	1407	1276	1149	1016	890	780	672	598	540	510	513
	장수	1860	1850	1811	1747	1646	1537	1426	1293	1169	1050	924	806	705	601	526	467	430	427
	군산	1982	1982	1955	1899	1810	1715	1612	1489	1371	1256	1122	997	890	780	695	631	586	576
	전주	2024	2018	1984	1925	1828	1725	1617	1490	1367	1248	1113	988	879	765	683	618	575	570
제주도	제주	2036	2043	2017	1975	1902	1824	1740	1643	1548	1456	1351	1252	1167	1080	1013	960	918	904
	서귀포	2036	2054	2041	2007	1943	1874	1796	1703	1612	1523	1420	1321	1234	1146	1078	1022	980	970

콘크리트 실무매뉴얼

한중 콘크리트 시공

2021년 11월 25일 1판 1쇄 인쇄
2021년 11월 30일 1판 1쇄 발행

관리주체 사단법인 한국콘크리트학회
서울특별시 강남구 테헤란로7길 22
한국과학기술회관 신관 1009호
TEL. 02)568-5984~7
FAX. 02)568-1918

출판보급처 기 문 당
서울시 성동구 무학봉28길 4-1
TEL. 02)2295-6171(代)~5
FAX. 02)2296-8188

출판등록 1976. 10. 7 (1-44)

홈페이지 http : // www.kimoondang.com

I S B N 978-89-6225-924-7 93530